무섭지만
재밌어서 밤새 읽는
식물학 이야기

무섭지만
재밌어서 밤새 읽는
식물학 이야기

이나가키 히데히로 지음 | 김소영 옮김 | 류충민 감수

더숲

들어가며

울창하게 우거진 깊은 숲. 그 어둑한 공간으로 몸을 들이밀다 보면
말로 형용할 수 없는 공포에 사로잡힐 때가 있습니다. 옛사람들은
그런 숲속 깊은 곳에서 인간이 감히 범접할 수 없는 세계에 온 듯한
느낌을 받았고, 그곳에 괴물이나 요괴가 산다고 생각했습니다. 식물
이 무성한 숲은 우리 인간에게 분명히 은혜로운 존재일 텐데, 웬일
인지 우리는 숲속에서 공포를 느낍니다. 아마 주변이 보이지 않는
어두컴컴하고 닫힌 공간이 인간에게는 공포로 다가오는 것인지도
모릅니다.

시야가 조금이라도 트인 공간에서는 어떨까요? 사찰에 우뚝 서
있는 거대한 신목. 정적이 흐르는 그 일대는 그야말로 성역이라는
말에 걸맞은 장소입니다. 우두커니 서서 그 거대한 나무를 바라보고
있노라면 묘하게 공포심이 차오를 때가 있습니다. 그러다가 숨이 막
힐 듯한 정적에서 벗어나고 싶은 충동에 사로잡히지요.

식물을 바라볼 때면 경외라는 말이 떠오릅니다. 공경의 마음과 두
려움의 마음이 공존하는 것이지요. 물론 식물은 인간이 감히 짐작도

하기 힘든 것을 가지고 있습니다. 왠지 모르게 인간의 지혜가 닿지 않는 무언가를 갖고 있다는 느낌이 듭니다. 옛사람들도 같은 느낌을 받았던 것 같습니다. 물론 지금은 그렇지 않다는 분들도 많겠지요. 현대인은 식물로부터 공포를 느낄 기회가 적은 게 사실입니다.

그러나 식물을 마주 보고 서서 가만히 바라보세요. 숲속 나무들, 들판의 풀꽃, 밭에서 자라는 채소, 길가에 핀 잡초, 화단에 심은 꽃, 과일가게의 과일……. 우리 주변에는 이렇게 식물들이 넘쳐납니다. 그런 식물들 사이에 혼자 서 있어 보세요. 식물이 자신을 쳐다보고 있는 것 같지 않나요? 그러다 보면 점점 식물이 섬뜩해지고 말로 표현할 수 없는 묘한 느낌에 사로잡히게 됩니다.

식물은 우리와 같은 생물입니다. 하지만 그들의 생김새나 삶은 우리와 완전히 딴판이지요. 우리와 전혀 다르게 생긴 괴물을 무서워하는 것처럼, 우리 인간과 전혀 다른 식물이 무섭게 느껴지는 것은 자연스러운 현상일 수도 있습니다.

그런데 '무섭다'라는 건 어떤 의미일까요? 사람은 정체를 알 수 없는 것에 공포를 느낍니다. 정체를 알 수 없는 것은 자신의 생존을 위협하는 존재일 수도 있기 때문입니다. 하지만 그와 동시에 무서운 것은 궁금증을 자아냅니다. 인간은 정체를 알 수 없는 것에 호기심을 느끼지요. 어쩌면 정체를 알 수 없는 것은 인간에게 유익할지도 모릅니다.

예컨대 어두운 터널에 들어가는 것은 무섭지만, 터널 너머 저편으로 가 보고 싶다는 마음도 듭니다. 혹은 하늘에서 미지의 물체가 떨어진다고 생각해 보세요. 무서운 생각은 들지만 한번 보고 싶기도 할 겁니다. 미지의 물체와 대면하는 일이 조마조마하겠지만요.

정체를 알 수 없는 것은 무섭습니다. 하지만 재미있습니다. 공포와 흥미는 동전의 양면과 같은 셈이지요. 새로운 것에 대한 공포와 새로운 것에 대한 흥미. 어쩌면 이 두 가지가 인류를 발전시키고 문명과 과학기술을 발달시켰을지도 모르겠습니다. 수수께끼로 가득 찬 식물의 세계는 무섭습니다. 그러나 재미있습니다. 자, 이제《무섭지만 재밌어서 밤새 읽는 식물학 이야기》를 시작해 볼까요?

식물학 이야기 시리즈가 생긴 듯하다.《재밌어서 밤새 읽는 식물학 이야기》를 감수한 덕분에 이번에 출간되는 이 책을 남들보다 먼저 읽는 호사를 누렸다. 이 책은 식물의 일반적이지 않은 다양한 모습을 여러 각도에서 보여 준다. 부드럽고 아름답기만 하다고 생각한 식물들이 기묘하고 섬뜩한 모습을 감추고 있어서 소름이 끼친다면 이 책은 성공했다고 할 수 있다. 모든 생명체가 그렇지만 식물에도 양면성이 존재하기 마련이다. 그래서 우리는 종종 균형 잡힌 시각으로 보기보다는 내가 원하는 각도에서만 보는 실수를 범한다. 이 책은 우리의 시각을 중심추 가까이 옮기는 역할을 할 것이다.

　이 책을 읽는 독자 여러분께 일본 영화의 마지막 장면 같은 질문을 던지고 싶다. 지난 3년 동안 모두 건강하게 잘 지내셨는지? 생활에는 어떤 변화를 겪었는지? 어떻게 적응하셨는지? 너무 힘들지는 않으셨는지? 너무나 궁금한 점이 많다. 얼마전 인류가 겪은 대규모 팬데믹은 우리 모두에게 처음이지만 인류의 역사에서는 가끔 있는 사건이었다. 하지만 이 팬데믹의 긴 터널을 직접 통과한 지구촌 전

인류는 묘한 연대감과 두려움을 가질 수밖에 없다. 팬데믹으로 '뉴노멀'이 '노멀'이 되는 시대가 되어 버렸고 앞으로 그 후유증은 오랫동안 우리 곁을 맴돌 것이다.

호흡기 전염병의 특성상 사람들과 가까이 할 수가 없었으므로 혼자서 할 수 있는 활동에 집중해야 했다. 그중에서 식물을 키워 보는 일을 시도하신 분들이 많은 듯하다. 코로나19 바이러스가 동물에도 감염된다고 하여 애완동물보다는 애완식물을 선호하게 된 사람도 꽤 있다는 이야기도 들었다. 식물이 우리에게 주는 평안함을 경험한 분들이 많은 것 같다. 전 세계적으로도 인간의 활동이 줄어들면서 공장 가동률이 줄어들고 이로 인해 매연과 같은 공해 물질 발생률이 줄어들었다. 전 지구의 식물이 받는 스트레스가 줄어들어 식물 전체에 이로운 영향을 끼치기도 했다. 그와 동시에 벌목과 숲의 해체도 급격하게 감소했다. 역시 지구 환경의 최고의 빌런은 인간이라는 것이 증명된 것이다.

이 책을 읽으면서 계속 떠오르는 화두는 '식물도 지적 생명체인가?'이다. 작가는 이 책에서 계속해서 이를 질문하면서 지적 생명체가 아니라면 일어날 수 없는 일들을 다수 소개했다. 이제 식물과 조금 가까워졌다면 같은 지적 생명체로 대해 주었으면 좋겠다. 우리는 식물을 너무 함부로 대했다.

미생물학자가 보기에 식물은 너무나 큰 존재다. 물론 사람은 더 큰 존재이지만 지구에서 수십억 년 먼저 나타난 미생물들이 이후에 나타난 식물과 동물과 같은 다세포와 밀접하게 공생하는 것을 보면 인간이 지구에 저지르고 있는 다양한 만행들을 반성하게 된다. 하지만 우리는 원시시대로 돌아갈 수는 없다. 인간의 생존을 위해서 우리는 식물을 기르고 그것들을 먹어야 한다.

미생물 없이 식물이나 동물을 키우기는 불가능하다는 것은 오래전에 증명되었다. 식물과 동물의 결핍을 미생물이 채워 주었고 이것 때문에 인간은 지구에서 이렇게 오랫동안 살 수 있었다. 이제 인간이 다른 생명체의 결핍을 채워 줄 차례다. 코로나19 바이러스는 인간이 좀처럼 만나기 힘든 동물들과 접촉하였다가 하필 그 동물이 인간에게 치명적인 바이러스를 옮기면서 발생한 것으로 알려져 있다. 이번 팬데믹은 다른 생명체를 생각하지 않는 인간의 독단에 대한 신의 경고가 아닐까 생각한다.

이 책에는 공포영화에 등장하는 식물 이야기가 소개되어 있지만, 이 책이 무서워 잠을 자지 못하는 분들은 없었기를 바란다. 새로운 공포영화를 만들 무서운 이야기는 없기에 큰 걱정은 하지 않는다. 다만 한 가지 주제로 이렇게나 많은 이야기를 풀어내는 저자의 정보력과 지식에 찬사를 보낸다. 정말 대단한 이야기꾼이다. 어린 시절 이런 분의 책을 보다 일찍 만났다면 대단한 사람이 될 수 있었을 것이라는 상상도 해 본다.

어느 날 밤 산책을 하는데 어디선가 진한 향기가 났다. 궁금한 마음에 향기를 따라갔더니 아파트 화단 귀퉁이에 천리향이 꽃을 피우고 있었다. 시각이 둔화되는 밤이라서 그런지 그 향기가 기가 막혔다. 에리히 프롬이 얘기한 "소유 욕구"가 발동해 가지 하나를 꺾어 화병에 담아 두었더니 아침에 집안이 온통 향기로 가득 찼다. 그런데 문득 좋은 향기도 너무 많이 맡으면 독이 된다는 이 책의 내용이 떠올랐다. 그리고 무심코 꺾어온 가지를 보니 식물에게 미안함도 들었다. 역시 중심을 잡는 것이 더 중요함을 나이가 들어가면서 느끼게 된다. 식물에 대한 중심을 잡는 데 이 책이 중요한 역할을 할 것으로 기대한다.

팬데믹의 긴 겨울을 지났듯이 유독 추웠던 지난겨울도 끝나고 온 천지에 봄꽃이 피고 있다. 바쁜 일상이라도 잠시 주변에 있는 식물을 사랑의 시선으로 바라보자. 모두 안녕하시길.

류충민

차례

1장

식물이라는 섬뜩한 생물

2장

기묘한 식물

3장

독이 있는 식물들

4장

무시무시한 식물의 행성

1장

식물이라는 섬뜩한 생물

몇 번이고
되살아난다

불사신 괴물!?

SF 영화에는 가끔 불사신 괴물이 등장한다. 그런 괴물의 팔은 잘려
도 다시 자라난다. 머리를 날려 버려도 다시 생긴다. 몸을 두 동강이
내서 숨통을 끊어 버린 줄로만 알았는데 다시 살아난다. 만약 당신
의 눈앞에 그런 생물이 나타났다면 어떨까?

　게다가 그 괴물은 인간이 만들어 낸 그 어떤 괴물보다도 기묘하게
생겼다. 몸에는 뼈가 없다. 눈도 코도 없고 뇌도 없다. 사실 이런 기
묘한 괴물들은 당신 주변 여기저기에 도사리고 있다. 그 괴물의 정
체는 바로 '식물'이다.

　식물은 가지가 떨어져도 새 가지가 돋아난다. 줄기를 꺾거나 뿌리

째 쓰러뜨려도 아픔이나 고통을 느끼지 않고 아무 일 없었다는 듯이 재생한다. 식물도 우리와 같은 생물이다. 하지만 그 생김새는 우리와 완전히 딴판이다. 인간과 비교해 보면 상당히 기묘하고 섬뜩하다.

인간은 조직마다 각기 맡은 역할이 정해져 있다. 뇌는 정보를 정리하기 위해, 눈은 사물을 보기 위해 존재한다. 손으로 물건을 잡기 위해, 발은 걷기 위해 존재한다. 그래서 눈이 없으면 아무것도 보지 못하고, 뇌가 없으면 죽는다.

그런데 식물은 다르다. 식물의 지상부는 '잎과 가지'라는 기본 구조를 반복해서 마치 장난감 블록을 쌓아 올리듯 몸을 만든다. 몸 일부분을 잃는다 해도 다시 블록을 쌓으면 그만이다. 그래서 식물은 좌우 상관없이 뻗어 나가 모양을 자유자재로 바꿀 수 있고, 크기도

◆ 식물의 모듈 구조(기본 단위를 반복하는 구조)

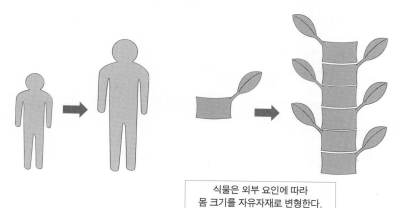

식물은 외부 요인에 따라
몸 크기를 자유자재로 변형한다.

마음대로 조절한다.

또한 인간의 뇌나 눈, 위장이나 발처럼 조직의 역할이 명확히 나뉘어 있는 것이 아니라서 기본 단위만 있다면 아무 데서나 자극을 받고 반응하거나 광합성을 하며 성장할 수가 있다.

식물이 기묘한 생물처럼 보이는 이유

원래 생물의 기본 구성단위인 '세포'는 각종 기관이 되기 위한 정보를 DNA로 갖고 있다. 그러나 인간의 경우는 뇌가 되는 세포나 위가 되는 세포처럼 역할이 주어지고 조직화되어 기관이 된다. 이것을 '분화'라고 한다. 식물의 세포도 분화를 하지만, 동물만큼 명확하지는 않다. 그래서 식물은 상처가 나면 분화는 하지만 바로 조직화하지 않는 세포, 즉 캘러스로 상처를 막는다. 이것을 '탈분화'라고 한다. 이 캘러스에서 특별한 신호가 오면 뿌리를 재생하기도 하고 싹을 재생하기도 한다. 캘러스에서 새로운 기관을 재생하는 것을 '재분화'라고 한다. 이처럼 식물의 세포는 탈분화와 재분화를 쉽게 하므로 세포 하나만 있어도 시험관에서 세포를 배양하여 새로운 식물을 만들어 낼 수 있다.

식물이 상당히 기묘한 생물처럼 보이는 이유는 우리 인간의 모습을 당연한 것으로 여겨서 그럴 것이다. 인간은 모든 정보를 뇌 한곳에 모아 그 뇌가 판단하고 행동에 옮기도록 진화된 생물이다. 그런데 모든 생물이 이와 같지는 않다. 예컨대 어떤 곤충은 정보를 처리하는 뇌가 몸통이나 다리 마디 등 여기저기 분산되어 있다. 그래서 재빠르게 움직일 수 있는 것이다. 인간의 뇌처럼 주저하거나 고민하지 않는다. 이런 곤충의 입장에서는 뇌가 하나밖에 없는 인간이 상당히 기묘한 생물로 보일 것이다. 그리고 식물의 관점에서도 인간은 뇌가 없으면 살지 못하는 매우 기묘한 생물로 보일 것이다.

불로불사의
생물

몸의 일부가 떨어져 나가도 재생한다

SF 영화에 등장하는 괴물은 몸이 두 동강이가 나면 각기 재생하여
둘로 불어난다. 총에 맞아 팔이 떨어져 나가도 새로운 팔이 돋아나
고, 심지어 떨어져 나간 팔에서 새로운 괴물이 생겨나기도 한다. 공
격하면 할수록 괴물이 불어나는 것이다.

　이것도 식물의 세계에서는 당연한 일이다. 땅속줄기로 자라는 텃
밭의 잡초는 농기구에 줄기가 찢겨 나가도 하나하나 재생해서 더욱
늘어날 때가 있다. 실제로 식물 중에는 씨앗으로 번식하지 않고 몸
의 일부분을 분리하여 번식하는 것이 있다. 예를 들면 식물이 만드
는 덩이줄기가 그렇다. 꽃이 피고 나서 생기는 씨앗은 식물에게 자

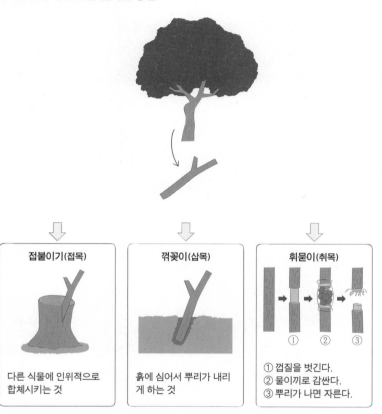

접붙이기(접목)	꺾꽂이(삽목)	휘묻이(취목)
다른 식물에 인위적으로 합체시키는 것	흙에 심어서 뿌리가 내리게 하는 것	① 껍질을 벗긴다. ② 물이끼로 감싼다. ③ 뿌리가 나면 자른다.

식 같은 존재이지만, 덩이줄기는 그 자체가 하나의 분신이다. 따라서 덩이줄기에서 생겨난 개체는 모체와 동일한 특징을 갖는다.

SF 영화에서는 자신과 완전히 똑같은 성질을 가진 복제인간이 등장하는데, 식물 세계에서도 복제는 당연한 일이다. 복제는 성질이 바뀌지 않기 때문에 인간은 작물 수를 늘릴 때 편리하게 이 방법을 이용한다.

예컨대 수목은 가지만 꺾어서 가져와도 단시간에 원래 나무와 성질이 똑같은 나무로 자라게 할 수 있다. 즉 개체를 복제하는 것이다. 감자와 같은 덩이줄기나 고구마와 같은 덩이뿌리로 번식하는 식물 혹은 딸기 등 포기를 나누어 번식하는 식물도 품종이 같다면 전 세계 어디에서 발견되든 모두 복제된 것이다.

나도 당신도 없는 세계

만약 당신이 '홍길동'이라는 사람인데, 나와 똑같은 인격을 가진 '홍길동'만 있다고 생각해 보라. 깎아 낸 손톱 하나하나에서 혹은 잘라 낸 머리카락 한 가닥 한 가닥에서 '홍길동'이 또다시 재생된다면 정말이지 섬뜩한 이야기다.

식물은 어떤 기분을 느낄까? 위와 같은 상황이라면 '나'도 '당신'도 없다. '자신'이라는 존재 자체가 불확실하다. 설령 자신이 죽는다 해도 자신의 분신은 계속 살아 있다. 그렇다면 자신은 죽은 것일까? 아니면 영원히 살아가는 것일까?

꽃무릇은 조몬 시대(대략 우리나라의 신석기 시대에 해당-옮긴이)에 일본으로 건너왔다. 꽃무릇은 종자를 만들지 않고 구근으로 번식한다. 그렇다면 꽃무릇은 조몬 시대부터 계속 살아왔다는 뜻이 된다. 즉 꽃무릇은 죽지 않는다.

인간은 자신이라는 존재가 명확하며, 목숨은 자신의 것이다. 하지만 식물의 경우 '목숨'이나 '수명'의 개념이 명확하지 않다. '나'란 무엇인가. '목숨'이란 무엇인가. 그걸 생각하고 있노라면 밤에도 잠이 오지 않는다.

덩이줄기가 초대국을 만든 걸까?

식물은 왜 꽃을 피울까?

식물이 씨앗으로 개체 수를 늘리는 방법을 '종자번식'이라고 하고, 몸의 일부를 분리해서 개체 수를 늘리는 방법을 '영양번식'이라고 한다. 종자가 생기려면 수술의 꽃가루가 암술에 붙는 수분이 이루어져야 한다. 즉 식물도 동물과 마찬가지로 암수가 구분되어 있다. 그래서 수분을 통해서 종자로 번식하는 방법을 '유성생식'이라고 한다. 그와 달리 분신을 만드는 영양번식은 '무성생식'이다. 무성생식은 줄기를 나누거나 덩이줄기를 만드는 등 몸의 일부를 분리하기만 하면 되니 간단하다. 그런데 유성생식은 까다롭다.

먼저 수술에서 만든 꽃가루를 다른 꽃의 암술로 옮겨야 한다. 자

◆ 씨앗으로도, 덩이줄기로도 번식한다

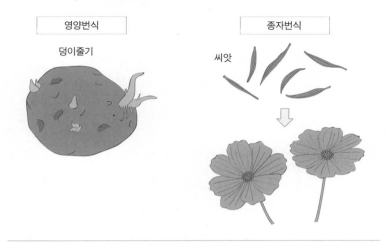

영양번식	종자번식
덩이줄기	씨앗

신의 수술을 자신의 암술에 붙이는 방법도 있는데, 그렇게 되면 자신의 유전자만으로 자손을 만들어야 하기 때문에 영양번식과 별반 차이가 없다. 종자를 만드는 능력이 있으니 다른 꽃의 유전자도 받아들이고 싶은 법이다.

꽃가루는 바람이 옮겨 주기도 하고 곤충이 옮겨 주기도 한다. 바람이 꽃가루를 옮기기만 해서는 수분을 할 수 있을지 불확실하므로 꽃가루를 대량으로 생산해야 한다. 반면 곤충이 꽃가루를 옮기게 하려면 예쁜 꽃잎을 뽐내서 눈을 끌거나 꿀을 준비해 유혹해야 한다. 그렇게 해도 꽃가루를 주고받아 씨앗을 확실히 만들 수 있다는 보장은 없다.

유성생식은 무성생식에 비해 노력이 많이 드는 데다가 위험까지 따른다. 결코 유리한 생식 방법은 아니다. 그런데도 식물은 왜 꽃을 피워서 유성생식을 하는 걸까?

유성생식을 하면 좋은 점

자신의 분신을 끊임없이 만들어 내기 위해서는 세포 분열을 반복해야 한다. 세포 분열을 해서 유전자를 복사하는 것은 원본에 쓰인 문장을 그대로 베끼는 것이나 마찬가지다. 그러다 보면 중간에 잘못 적거나 잘못 베끼는 일도 당연히 생길 것이다. 복사를 할 때도 마찬가지다. 복사기로 복사를 하고 또 하다 보면 잉크색이 점점 열어지는 것처럼, 유전자도 복사를 반복하다 보면 유전자 정보를 잃어버리기도 하고 성질이 쇠퇴하기도 한다.

유전자를 유지하거나 결손된 유전자를 복구하려면 어떻게 해야 할까? 망가진 물건을 고쳐 쓰기란 꽤나 힘들다. 차라리 일단 분해한 다음에 새로 만드는 편이 나을지도 모른다. 하지만 원 재료가 너무 낡았다면 새로 만드는 일도 불가능하다. 그래서 생물은 다른 개체와 유전자를 교환해서 새로운 재료를 손에 넣고 비교하면서 잘못된 부분을 고쳐 수정된 유전자를 만들 수 있다. 그것이 유성생식이다.

유성생식을 하면 또 좋은 점이 있다. 자신을 복사한 것은 성질이 전부 같기 때문에 똑같은 약점을 갖는다. 번식을 통해 개체 수가 늘어났다 해도 자신이 살기 힘든 환경에 놓이면 다 같이 죽을 수도 있다. 하지만 다른 개체와 유전자를 합쳐 자손을 만들면 성질이 다양한 자손을 만들 수 있다. 그렇게 되면 아무리 환경이 변화해도 그중에 몇몇은 살아남을 수 있는 것이다.

벼를 예로 들어 보자. 벼의 염색체는 12쌍 24개밖에 없다. 벼는 꽃가루를 만들 때 감수 분열을 하는데, 이 12쌍의 염색체 짝꿍 중 어느 한쪽을 선택해 조합한다. 확률로 계산하면 2의 12제곱이니까 4,096가지나 된다. 이것이 꽃가루뿐만 아니라 후에 종자가 되는 배주에도 각각 일어나기 때문에 스스로 준비할 수 있는 꽃가루와 밑씨만으로도 4,096×4,096으로, 167만이 넘는 조합이 만들어진다. 이것은 서로 다른 개체의 유전자가 섞여서 씨앗을 만들기 때문에 단순 계산을 해 봐도 그 조합은 끝이 없다. 단기적으로는 무성생식이 유리하겠지만, 장기적으로 보면 유성생식이 유리하다. 식물은 이렇게 멀리 내다보고 유성생식을 하는 것이다.

식물은 가지런히 취해지지 않기를 선호한다. 그러나 인간은 식물을 가지런히 정렬하는 것을 좋아한다. 작물을 기를 때 열매를 맺는 시기가 제각각이거나 열매의 모양과 맛이 제각각이면 번거롭기 때문이다. 그래서 인간은 되도록 식물을 똑같이 고르게 기르려고 한다.

아일랜드와 감자

감자는 덩이줄기로 번식한다. 영양번식으로 늘리면 성질이 같기 때문에 인간 입장에서도 편하다. 그런데 19세기 초반 아일랜드 전역에 감자 역병이 돌았다. 덩이줄기로 번식하는 감자는 모두 복제이기 때문에 나라 전체의 모든 감자가 그 병에 약한 성질을 갖고 있었다. 결국 감자가 전멸할 정도로 피해를 입어 거의 100만 명이 굶어 죽는 대기근이 일어난 것이다. 굶주림을 견디다 못해 사람들은 고향을 버리고 신천지인 미국으로 향했는데, 그 수가 무려 200만 명에 이르렀다고 한다. 그리고 이때 이주한 많은 아일랜드인이 현재 미국의 기초를 다진 것으로 알려졌다.

인간에는 남자와 여자가 있다. 이 말은 유성생식이라는 뜻이다. 하지만 인간은 제각각인 것을 싫어한다. 그래서 차이나 성적으로 평가하여 균질한 인재를 만들려고 한다. 농작물 재배와 마찬가지로 그게 더 관리하기가 쉽기 때문이다. 생물은 노력을 들여서 다양성을 창출한다. 인간이 의도적으로 균일하게 관리했다간 아일랜드의 기근처럼 인간 사회에서도 재앙이 일어나지 않을까? 우리 인간은 미래에도 영원히 살아남을 수 있을까?

수명이 짧게 진화하다

영원히 살기 위한 죽음

만약에 1천 년을 살 수 있는 목숨과 1년밖에 살 수 없는 목숨이 있다면, 여러분은 어느 쪽을 택하겠는가? 나는 조금이라도 더 오래 살고 싶기 때문에 생각할 것도 없이 1천 년 살 수 있는 쪽을 택할 것이다. 식물 중에는 수천 년을 사는 나무가 있는가 하면, 1년 이내에 말라 죽는 한해살이풀도 있다.

그렇다면 거목으로 자라는 식물과 자그마한 풀 중에서 더 진화한 형태는 어느 쪽일까? 사실 자그마한 한해살이풀은 진화 과정에서 비교적 새로 나타난 식물이다. 마음만 먹으면 몇천 년도 살 수 있는데, 신기하게도 1년 이내에 말라 죽도록 진화했다.

◆ 수천 년을 사는 일본의 조몬 삼나무

　몇천 년이나 되는 세월을 살다 보면 그야말로 산전수전을 겪을 것이다. 병원균이 침입하는 일은 물론이거니와 재해를 만날 수도 있다. 만약 수명이라는 게 딱히 없어서 목숨이 영원히 지속된다고 해도 영원한 시간을 살아남는 일은 쉽지 않다.

　공룡 시대 말기쯤에 지각변동이 일어나면서 기후가 바뀌었다. 이러한 변화에 대응하려면 오래 살아남는 것보다 빨리 다음 세대에 바통을 넘기는 편이 낫다. 그래서 식물은 수명을 짧게 잡고 세대를 교체하는 방법을 택한 것이다.

스스로 부수고 새로 만들다

원래 죽음 자체는 생물이 진화 과정에서 스스로 만들어낸 것이다. 생명은 영원하기 위해 스스로 부수고 새로 다시 만드는 방법을 익혔다. 그렇게 하나의 생명은 일정 기간이 지나면 죽고, 새로운 생명이 그 자리를 대신하면서 세대를 넘고 넘어 생명의 릴레이가 이어졌다. 죽음 덕분에 생명은 영원해진 것이다.

이는 비단 식물에 국한된 이야기가 아니다. 동물도 마찬가지다. 생명은 목숨이 계속 빛을 잃지 않도록 죽음을 통해서 목숨의 가치를 찾아냈다. 모든 생물은 죽고 싶지 않아서 기를 쓰고 살아남으려 한다. 하지만 생명은 진화를 위해 죽음을 골랐고, 긴 수명과 짧은 수명을 택했다.

수명이란 대체 무엇일까? 산다는 것은 대체 무엇일까? 목숨이란 대체 무엇일까? 정말 신기하기 짝이 없다.

옥수수의
음모

베일에 싸인 옥수수의 기원

옥수수는 외계에서 온 식물이라는 전설이 있다. 설마 그런 일이 가능할 리 없다. 전설은 전설일 뿐이다. 그렇다면 제대로 한번 검증해 보기로 하자.

옥수수는 예로부터 남미에서 널리 재배되었고, 콜럼버스가 신대륙을 발견한 후에 전 세계로 퍼진 것으로 알려져 있다. 그런데 그런 사실만 알려져 있지, 정작 옥수수의 원산지나 기원은 여전히 베일에 싸여 있다.

재배 식물의 원형은 야생종이다. 예를 들어 벼는 야생종인 야생 벼를 재배해서 개량한 것이다. 밀 또한 야생종인 원시 밀에 야생 보

리 몇 가지를 교잡하여 개량된 것으로 알려져 있다. 그런데 옥수수에서는 야생종이나 그와 비슷한 야생 식물이 발견되지 않았다.

옥수수의 기원으로 추정되는 식물이 '테오신트'다. 하지만 테오신트는 작은 알갱이만 10개 정도 달린 데다가 겉모습도 옥수수와는 확연히 다르다. 만약 테오신트가 야생종이라 해도 그것에서 옥수수가 만들어지기까지의 진화 과정은 완전히 불가사의다. 그리고 다양한 볏과 식물을 교잡해서 옥수수가 만들어졌다는 설도 있는데, 그 조상종은 이미 멸종해서 지금은 증명할 길이 없다. 이러한 사실 때문에 옥수수는 외계에서 왔다는 전설이 내려오는 것이다.

애당초 옥수수란 신기한 식물이다. 볏과 옥수수속으로 분류되는데, 옥수수속으로 분류되는 식물은 옥수수 말고는 없다. 닮은 식물이 없기 때문이다. 예컨대 옥수수는 줄기 끝에 수꽃을 피우고 줄기 중간에 암꽃을 피워 열매를 맺는다. 이것도 참 특이한 성질이다. 볏과는 외떡잎식물 중에서는 난과에 이어 두 번째로 큰 그룹으로 약 8,000종이 여기에 포함되는데, 여기에도 옥수수와 같은 특징을 갖는 식물은 없다.

마야 문명의 전설

옥수수는 고대 마야인들의 주식이었다고 한다. 마야 문명 역시 비밀에 싸여 있다. 마야 문명은 기원전 2세기경에 성립되었던 것으로 추측된다. 정말 까마득히 먼 옛날에 고도의 도시 문명을 세우고 피라미드나 신전을 만든 것이다. 게다가 우주 관측 기술이 뛰어나 지구 멸망을 예언한 마야력을 남긴 것으로도 알려져 있다. 그래서 외계인이 관여했다는 주장도 있는 것이다.

이 마야 사람들에게 옥수수는 신성한 작물이었다. 마야 문명의 고대 벽화에도 옥수수가 사람들에게 힘을 주는 듯한 그림이 남아 있다. 마야에는 신들이 옥수수를 반죽해 인간을 창조했다는 전설이 있다. 옥수수 알갱이는 노란색이나 흰색뿐만 아니라 자주색이나 검은색, 주황색 등 여러 가지 색깔이 있다. 그래서 옥수수로 만들어진 인간도 다양한 피부색을 갖고 있다는 것이다.

그런데 피부색이 하얀 스페인인이 중남미로 온 것은 콜럼버스가 신대륙을 발견한 후의 일이다. 마야인들은 전 세계에 다양한 피부색을 가진 인종이 있다는 사실을 어떻게 알았을까?

정말 신기하다.

여기에도 저기에도 옥수수

애초에 지구 밖의 생명체가 굳이 지구로 식물을 갖고 왔다는 말은 믿기 어렵다. 또한 의심할 것 없이 볏과로 분류될 정도로 지구의 식물과 매우 흡사한 식물이 지구 밖에서 만들어졌다는 것도 말이 안 된다. 천문학적인 관점에서 보면 옥수수가 외계에서 왔다는 말은 터무니없다.

그런데 걸리는 점이 있다. 현재 세계에서 가장 많이 재배되는 식물은 옥수수다. 옥수수 하면 찐 옥수수나 콘플레이크 정도를 떠올리기 쉽지만 소나 돼지, 닭 등의 가축 사료의 대부분이 옥수수다. 그러니까 고기도 우유도 달걀도 옥수수로부터 만들어지는 셈이다. 옥수수는 또 식용유나 옥수수전분 등 다양한 식품의 원료로 쓰이며, 어묵이나 맥주를 만들 때에도 들어간다. 탄산음료나 스포츠음료에 함유된 인공감미료인 과당, 포도당, 액당도 옥수수로 만든 시럽이다. 그리고 다이어트 식품에는 식이섬유인 난소화성 덱스트린이 들어 있는데, 이 역시 옥수수가 원료다.

현대인의 몸은 40퍼센트가 옥수수로 만들어져 있다고 해도 과언이 아니다. 식량뿐만이 아니다. 공업용 알코올이나 공업용 접착제를 비롯한 다양한 것이 옥수수로 만들어진다. 요즘에는 플라스틱이나 자동차를 움직이는 바이오 에탄올까지 옥수수로 만들어진다. 우리의 생활은 옥수수 없이는 하루도 버티기 힘들다. 옥수수가 우리 지구를 지배한 것이다.

설마……. 어쩌면 이 모든 게 옥수수의 음모일까? 누군가 지구를 지배하기 위해 옥수수를 보낸 것은 아닐까?

이용당하는 건
어느 쪽인가

개량된 재배 식물

인간은 오랜 역사 속에서 자신들의 욕망에 따라 다양하게 식물을 개량해 왔다.

화려하고 아름다운 꽃들은 인간의 기쁨을 위해 개량되어 왔다. 원래 식물의 꽃은 꿀벌 같은 곤충을 유혹하기 위해 존재한다. 하지만 큰 꽃을 피우느라 에너지를 지나치게 쓰는 바람에 씨앗을 남기지 못하는 식물도 있다. 식물은 꽃을 피워 씨앗을 남겨야 하는데, 양배추나 상추는 꽃이 피기도 전인 어린 상태에서 수확된다. 또한 식물의 열매는 씨앗이 성숙되지 않은 상태에서 먹히지 않도록 쓴맛을 내며 눈에 띄지 않으려고 잎과 똑같은 녹색을 띤다. 그러다가 씨앗이 완

전히 여물면 새가 열매를 먹고 널리 퍼뜨리도록 빨간색이나 노란색처럼 눈에 띄는 색이 된다. 그런데 인간은 쓴맛이 몸에 좋다며 피망이나 여주 같은 열매는 익지 않은 채로 먹어 버린다.

불필요할 정도로 통통하게 살이 오른 무나 당근, 필요 이상으로 단맛이 강한 딸기나 포도 등 우리 주위에는 자연계에서 살아남기 힘든 이상한 모습의 식물들 천지다. 이렇게 인간의 과욕이 식물들을 멋대로 개량시켜 온 것이다. 그렇다면 인간들의 욕망을 충족하기 위해 이용되어 온 재배 식물은 과연 불쌍한 존재일까?

더없이 도움이 되는 인간

식물에게 가장 중요한 것은 무엇일까? 바로 꽃을 피워 씨앗을 남기는 일이다. 식물은 교배해서 더 좋은 자손을 남기기 위해 기를 쓰고 곤충을 끌어모은다. 하지만 재배 식물은 다르다. 인간이 정성스레 교배해서 자손을 남기게 해 준다.

식물은 자손을 퍼뜨리기 위해 온갖 노력을 한다. 민들레처럼 솜털을 바람에 날려 씨앗을 퍼뜨리는 식물이 있는가 하면 새에게 먹혀 씨앗이 흩뿌려지도록 달콤한 열매를 맺는 식물도 있다.

식물들은 곤충이나 새를 위해 모습을 바꿔 왔다. 그러나 어떤가. 인간은 배나 비행기를 이용해 어려움 없이 씨앗을 옮기고 전 세계로 퍼뜨려 준다. 게다가 뿌린 씨앗에 물과 비료를 주고 해충이나 잡초까지 제거하며 알뜰살뜰 돌봐 준다. 재배 식물에게 인간은 곤충이나 새와 비교해서 더없이 편리하고 도움이 되는 존재인 것이다.

자연계에서 살아남아 널리 퍼뜨려지기 위해 진화를 거듭하는 수고에 비하면, 인간의 욕구에 맞춰 모습이나 형태를 바꾸는 일쯤은 식물에게 별일이 아니었을 것이다. 인간이 식물을 이용하고 있다는 생각은 자만일 수도 있다. 사실 훨씬 더 이용당하는 쪽은 인간일지도 모른다.

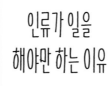

인류가 일을
해야만 하는 이유

비탈립성의 발견

'벼는 익을수록 고개를 숙인다'라는 속담이 있다. 알알이 여문 벼이
삭이 아래로 축 드리워지듯, 인품이 있는 사람일수록 겸손하게 머리
를 숙인다는 가르침이다. 수확의 계절인 가을이 되면 묵직해진 벼이
삭이 고개를 떨어뜨린다. 하지만 식물 세계에서는 상당히 희한한 풍
경이다. 식물은 자손을 남기기 위해 씨앗을 땅으로 흩뿌려야 한다.
낟알을 떨어뜨리지 않고 이삭을 받치는 벼의 모습은 야생 식물에서
는 볼 수 없는 광경이다.

농업은 메소포타미아에서 시작되었다고 한다. 밀의 조상종이라
불리는 식물이 바로 '외알밀(Triticum monococcum)'인데, 외알밀은

식량으로 먹을 수 없었다. 야생 식물은 씨앗을 떨군다. 그렇게 땅에 떨어져 흩어진 씨앗을 주워 모으기란 간단한 일이 아니다.

이와 같이 씨앗이 이삭에서 자동적으로 떨어지는 성질을 '탈립성' 이라고 한다. 하지만 아주 드물게 씨앗이 떨어지지 않는 '비탈립성' 성질을 가진 돌연변이가 생길 때가 있다. 씨앗이 여물어도 땅에 떨어지지 않으면 자연계에서는 자손을 남길 수가 없다. 그러므로 비탈립성은 야생 식물에게 치명적인 결함이다.

그런데 이 비탈립성이 인류에게는 굉장히 가치 있는 발견이 되었다. 씨앗이 줄기에 그대로 남아 있으면 식량으로 삼을 수가 있다.

게다가 그 씨앗을 거두고 뿌려서 기르면 아무 곳이나 떨어지는 탈립성에 비해 비탈립성 성질을 가진 곡류가 비약적으로 늘어나는 것이다.

씨앗이 떨어지지 않는 비탈립성 돌연변이의 발견. 이것이야말로 인류 농업의 시초였다. 비슷한 일이 아시아에서도 일어났다. 아시아가 원산인 벼 역시 비탈립성 돌연변이의 발견으로 작물로서 재배되기 시작한 것이다.

농업의 이익을 알아 버린 인류

농업을 시작하기 전까지 인류는 사냥을 하거나 식물의 열매 등을 채집해 식량을 얻었다. 그러나 위의 용량에는 한계가 있어 아무리 식탐이 심한 사람도 배가 부르면 그 이상 먹을 수 없다. 사냥을 해서 큰 먹잇감을 잡았다 해도 혼자서 다 먹어 치울 수는 없다. 그렇다면 많이 잡았을 때는 남에게 나눠주고, 그 대신 남이 많이 잡았을 때는 나눠 받는 편이 안정적으로 식량을 얻을 수 있는 길이다. 그래서 식량을 다 같이 나눠 먹었다.

그러나 식물의 씨앗은 다르다. 씨앗은 싹을 틔우기 좋은 조건이 갖추어질 때까지 산 채로 잠을 잔다. 그래서 보존을 할 수 있다. 그러니까 인류에게 씨앗은 단순한 식량이 아니다. 그것은 축적할 수 있는 '재산'이다.

씨앗이 재산이 되면서 사람들 사이에 빈부의 격차가 생기기 시작했다. 배가 부르면 만족하는 식량과는 달리, 축적할 수 있는 재산의 경우에는 한계가 없다. 아무리 배가 불러도 인류는 부를 추구하면서 농업을 멈추지 않고 이어나갔던 것이다. 농업은 그동안과는 달리 큰 노력이 필요하지만, 일단 농업의 이익을 알아 버린 인류는 이제 더 이상 멈출 일이 없다. 그래서 결국 사람들은 끝없이 일을 해야만 했다.

또한 재산은 서로 빼앗을 수도 있다. 농업을 하는 사람들은 서로 경쟁적으로 일하고, 싸우며, 기술을 발전시키고, 나라를 강하게 만들어 나갔다. 그리고 부를 쟁취하기 위해 지속적으로 서로 다투게 되었다. 이렇게 된 이상 더는 되돌릴 수 없다. 결국 인류는 농업으로 말미암아 인구를 늘리고 부를 추구하여 계속 일하고 끊임없이 다투게 되었다.

돌연변이와 문명사회

그리고 인류는 문명을 만들어 갔다. 성경에는 에덴동산에서 살던 인류의 조상 아담과 이브가 금단의 열매를 먹고 순진무구함을 잃어버리자, 신이 쫓아냈다는 이야기가 나온다. 에덴동산에서 쫓겨난 뒤로 인류는 땅을 갈고 작물을 얻어야만 하게 되었다고 한다. 인류에게는 그 '금단의 열매'가 비탈럽성 돌연변이인 셈이다. 만약 식물의 비탈립성 돌연변이가 없었다면 인류는 지금과 같은 문명사회를 발전시킬 수 있었을까? 돌연변이 하나가 인류를 발전시켰다. 아니, 어쩌면 돌연변이 하나가 인류를 미치게 만들었다고 말할 수 있을지도 모르겠다.

식물이 문명을
수렵채집 사회에서
농경사회로
바꿨구나

기묘한 양배추

가만 보면 양배추는 상당히 기묘한 식물이다. 어쨌든 잎이 단단히 감겨 있다. 잎은 광합성을 하는 기관이라 감겨 있으면 제구실을 못하는데도 말이다.

양배추와 비슷한 식물로 방울양배추가 있다. 방울양배추는 식료품 진열대에 놓여 있으면 꼬마양배추처럼 보이지만, 원래 밭에 있을 때의 생김새는 전혀 다르다. 방울양배추는 잎 기부에 있는 겨드랑눈이 둥글게 변형된 식물이다. 그래서 줄기에서 돋아난 생장점에 방울양배추가 가득 달린다. 잎을 떼면 방울양배추가 빽빽하게 붙어 있는 모습이 아주 기묘하다.

양배추도 방울양배추도 자연계에서는 살아남지도 못할 기묘한 모습을 하고 있다. 야생 늑대를 길들여서 몰티즈나 닥스훈트 등 앙증맞은 개로 만들어 낸 것처럼, 인간은 야생 식물로 개량을 거듭하여 기묘한 식물을 만들어 냈다.

양배추와 방울양배추는 학명이 '브라시카 올레라케아(*Brassica oleracea*)'로 똑같다. 그러니까 몰티즈나 닥스훈트가 똑같이 개의 한 품종인 것과 마찬가지다. 브로콜리도 학명이 동일하다. 양배추는 잎을 먹을 수 있게 개량되었고, 방울양배추는 겨드랑눈을 먹을 수 있게 개량되었다. 그리고 브로콜리는 꽃봉오리를 먹을 수 있게 개량되었다. 어느 부분을 먹을 수 있게 개량되었는가에 따라 비슷한 듯 다른 식물이 만들어졌다.

기형으로 개량된 작물들

브로콜리를 개량한 것이 콜리플라워다. 콜리플라워의 학명도 동일하다. 콜리플라워는 꽃봉오리가 유착되어 있다. 밭에 두면 꽃이 피지만, 겨우 핀 꽃은 기형이 많고 볼품이 없어 차마 눈 뜨고는 못 볼 정도다. 그래도 콜리플라워는 가장 진화된 채소로 불린다. 민첩하고 용맹한 멧돼지보다 둔하고 살찐 돼지가 더 개량된 것처럼, 콜리플라워도 그만큼 개량이 진행되었다는 뜻이다.

우리가 먹는 작물은 그렇게 개량되어 왔다. 오동통하게 살이 오른 무나 멜론보다 단맛이 나는 고구마, 여러 색깔의 피망 등 그 모습이 야생에서는 말이 안 되는 것들뿐이다. 야생에 존재하는 식물과 비교하면 그들은 마치 인간이 만들어 낸 괴물과 같은 존재다.

그러나 우리가 먹는 작물의 대부분은 농경이 시작되고 문명이 발달하면서 재배하게 된 것들뿐이다. 현대처럼 과학이 진보했다 한들 품종을 다양하게 개량할 뿐 당근이나 양배추를 대신할 전혀 새로운 작물은 만들어 내지 못했다. 고대의 인류는 대체 어떻게 괴물 같은 작물을 만들어 냈을까? 궁금증은 깊어져만 간다.

〈고질라〉에 나오는 식물 괴수

감자와 토마토의 융합

영화 〈고질라〉 시리즈에 등장하는 괴수 비오란테는 고질라 세포와 장미 세포를 융합하여 탄생시킨 괴물이다. 〈가면 라이더〉에는 식충 식물 사라세니아의 능력을 더한 개조 인간 사라세니안이 등장한다. 세계 정복을 노리는 악의 군단 쇼커가 어떤 기술을 썼는지는 모르겠지만, 이것도 식물의 능력을 활용한 것이다. 식물과 동물을 융합하여 새로운 생물을 만드는 일이 가능할까?

　근래 들어 유전자 공학은 눈부신 발전을 이루었다. 세포 융합이란 두 종류의 세포를 융합하여 양쪽의 성질을 함께 갖는 세포를 만드는 것을 말한다. 종이 달라도 융합이 가능하므로 다른 식물끼리 세포 융합을 통해 새로운 식물을 만들어 낼 수 있다. 그러나 세포 융합으로

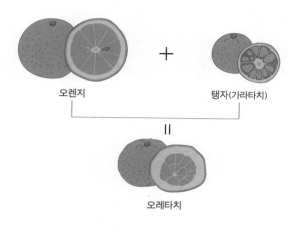

오렌지 + 탱자(가라타치)

=

오레타치

만들어진 새로운 식물은 감귤나무아과의 오렌지와 탱자(가라타치)를 융합한 '오레타치'나 가짓과의 감자와 토마토를 융합한 '포마토'처럼 근연종끼리 조합하는 경우가 대부분이다. 종류가 너무 다르면 융합한 세포가 정상적으로 자라지 않기 때문이다.

동물과 식물이 만나면 더욱 그렇다. 하지만 과학자들은 연구를 통해 인간의 세포와 식물의 세포를 융합하는 데 성공했다. 설마 고질라 세포와 장미 세포를 융합해서 새로운 생물을 만드는 일까지 현실이 될 수 있을까?

종의 벽을 넘다

최근에는 유전자를 재조합하는 기술도 등장했다.

유전자 재조합은 생물의 설계도인 유전자에 부분적으로 다른 종의 유전자를 이식하는 기술이다. 지금까지 새로운 품종을 만들어 낼 때는 일반적으로 같은 종끼리 교배해서 유전자를 교환했는데, 유전자 재조합 기술을 통해 종의 벽을 뛰어넘어 새로운 유전자를 갖게 할 수 있다.

이 유전자 재조합으로 동물과 식물을 조합할 수 있을까? 반딧불이의 유전자를 식물에 이식해서 빛을 내는 식물이 개발 중이고, 식물의 유전자를 이식한 가축도 개발 중이다. 연구 단계에서는 사람의 유전자를 식물에 이식할 수도 있다. 그렇다 해도 현재 기술로 비오란테나 사라세니안 같은 괴물을 만들어 내기란 불가능하며 아무리 과학이 발달한다 한들 기술적으로 불가능할지도 모른다. 그러나 기술은 하루하루 확실히 진보하고 있다.

자연계에서는 만들지 못했던 동식물을 유전자 재조합을 통해 탄생시킬 수 있게 되었다. 그동안 인류는 다양한 연구 개발을 통해 자연계에는 존재하지 않는 작물이나 가축을 만들어 왔다. 세포 융합이나 유전자 재조합 기술은 그 연장선상인 것이다.

용서받지 못한 생명

인간의 기술이 신의 영역에 다가가고 있다는 것도 사실이다. 과학 기술의 발전이 인류에게 허용할 수 있는 범위는 과연 어디까지일까?

울트라맨 시리즈 중 〈돌아온 울트라맨〉에서는 도마뱀과 식충 식물 네펜데스(Nepenthes rafflesiana Jack)를 융합해서 만든 괴수 레오곤이 등장한다. 이 방송 회차의 제목은 '용서받지 못한 생명'이다. 레오곤을 만든 과학자는 이렇게 말한다.

"내가 동물이기도 하면서 식물이기도 한, 완전히 새로운 생명을 만들려고 하는 것은 과학자로서 당연한 권리일세."

핵에너지는 평화적으로 이용하면 우리에게 혜택을 가져다주는 한편 무기가 되면 세상의 파멸을 불러온다. 우주 개발이라는 인류의 낭만을 담은 로켓 기술은 미사일에 응용되면 사람의 목숨을 빼앗을 수도 있다.

인류는 행복을 위해 과학 기술을 개발했다. 그것을 어떻게 사용할지는 인류의 손에 달렸다. 그러나 끝없이 진보하는 과학기술의 종착지는 그 누구도 알 수 없다.

식물과 동물의 차이

연두벌레는 식물?

식물과 동물은 무엇이 다를까?

사실 물어볼 것도 없다. 동물은 돌아다니지만, 식물은 뿌리를 내리고 움직이지 않는다. 식물은 눈도 입도 귀도 없다. 그리고 식물은 빛을 받아야 살아갈 수 있다.

"같은 점은 뭔가요?"라고 오히려 되묻고 싶을 정도로 식물과 동물은 닮은 구석이라고는 하나도 없다.

그렇다면 식물과 동물은 완전히 다른 생물일까?

식물과 동물은 전혀 다르게 분류되어야 한다. 하지만 그중 어느 쪽으로 분류해야 할지 모호한 생물이 있다. 바로 연두벌레다. 연두

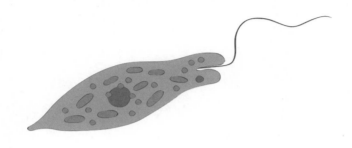

벌레는 최근에 유글레나라는 이름의 건강식품으로 알려져 있다.

이 연두벌레는 식물이라고도 동물이라고도 할 수 없는 생물이다. 연두벌레는 엽록체를 가지고 광합성을 한다. 이는 식물의 특징이다. 그런데 연두벌레는 편모로 헤엄을 치며 돌아다닌다. 이렇게 자유롭게 움직이는 것은 동물의 특성에 속한다. 다시 말해 식물의 성질과 동물의 성질을 모두 가지고 있는 것이다. 그래서 연두벌레는 동물도감과 식물도감에 모두 이름이 실려 있다.

분류는 인간이 멋대로 정한 것

'하테나 아레니콜라(*Hatena arenicola*)'라는 이름의 생물도 있다. 하테나 아레니콜라는 일본어로 '물음표'를 뜻하는데, 이름 그대로 신기한 생물이다. 하테나 아레니콜라는 단세포생물이며 편모로 움직인다. 그런데 몸은 녹색이라 엽록체를 가지고 광합성을 할 수 있다.

사실 하테나 아레니콜라는 체내에 녹조류를 공생하게 하고, 녹조류가 광합성을 해서 생산한 양분으로 생활한다. 또한 하테나 아레니콜라의 세포 분열은 신기하다. 세포 분열을 하면 분열된 한쪽은 녹조류를 체내에 가지지만, 다른 한쪽은 녹조류를 가지지 않기 때문에 양분을 얻을 수 없다. 그러면 녹조류를 가지지 못한 쪽은 포식을 위해 입이 생겨 먹이를 먹게 된다. 이렇게 하테나 아레니콜라는 식물적인 삶을 사는 부류가 있는가 하면 동물적인 삶을 사는 부류가 있다. 정말 신기한 생물이다.

그러나 식물로도 동물로도 분류할 수 없다고는 하지만, 그것은 인간이 생각하는 이치에 맞지 않는 것뿐이지 연두벌레도 하테나 아레니콜라도 당연한 진화를 해 왔을 뿐이다. 지도에 그어진 국경이나 지역 경계선 표시는 인간이 마음대로 정한 것이다. 사실 땅 자체는 구분이 없이 하나로 이어진 덩어리다. 후지산은 어디부터 어디까지가 후지산일까? 후지산의 기슭은 드넓게 펼쳐져 있다. 일본 열도의 땅은 후지산과 이어져 있으니 일본 전체가 후지산이라고 말할 수도 있다. 사실 자연계에 존재하는 것에는 경계가 전혀 없다. 다만 인간이 쉽게 구별하기 위해 그런 경계선을 그어 분류하는 것일 뿐이다.

종이란 무엇인가?

생물을 분류하는 것도 마찬가지다. 자연계에는 알려져 있는 것만 해도 200만 종이나 되는 생물이 있다. 이 무수히 많은 생물을 '분류학의 아버지'라 불리는 스웨덴의 박물학자 칼 폰 린네(1707~1778)가 맨 처음 식물계와 동물계로 나눴다. 이것을 2계설이라고 한다. 이후 미생물이 많이 발견되자 원생생물까지 더해 3계설을 주장하게 되었다. 그러나 생물의 세계를 구분하는 분류 방법은 지금까지도 확정되지 않았다.

생물을 분류하는 기본 단위를 '종'이라고 한다. 예를 들어 '사람', '고양이', '해바라기' 등이 종이다. 종은 '다른 개체군과 형태가 불연속성인 점, 다른 종과 교배와 유전자 조합이 불가능하다는 점, 지리적 분포의 차이 등에 따라 구별할 수 있는 개체군'으로 정의된다. 즉 종은 다른 종과 교배해도 자손이 생기지 않는다는 점으로 구별되는 것이다. 그러나 식물의 경우, 다른 종끼리 교배해서 생긴 종간잡종이 드물지 않다. 오히려 속이 다른 두 개체 사이의 교배에 의해 생긴 속간잡종까지 있을 정도다.

종이란 대체 무엇일까? 사실 이 기본 단위인 종의 개념에 대해 연구자들은 여전히 논쟁을 벌이고 있다. 흔히들 한 지역의 동쪽 지방과 서쪽 지방을 이야기할 때 두 곳은 명백히 다른 곳이지만, 지도상에서는 아무런 경계선도 그어져 있지 않아 어디서 나뉘어지는지 명확하지 않은 경우가 있다. 이는 고양이와 해바라기가 완전히 달라도 생물의 세계에는 명확한 경계가 없는 것과 마찬가지다.

애초에 나눌 수 없는 것

진화론을 제창한 영국의 자연학자 찰스 다윈(1809~1882)은 '애초에 나눌 수 없는 것을 나누려 하는 것이 문제다'라고 이 논쟁을 평했다. 진화론을 제창한 다윈에게 종이란 확정된 것이 아니라 진화의 중간 단계에서 어떤 식으로든 변화해 가는 것이다. 예컨대 진화의 계보를 따라 올라가면 코끼리도 기린도 모두 같은 포유류의 조상에서 진화되었다. 대체 어디까지가 같고 어디부터 나뉘는 것일까? 새의 조상이 공룡이라는 말도 있는데, 어느 날 갑자기 공룡 어미에게서 새끼 새가 태어난 것은 아닐 터이다. 대체 언제까지가 공룡이고 언제부터 새였던 것일까?

그런 불확실한 것을 나누는 것은 불가능하다고 다윈은 말했다. 그러나 모든 정보를 뇌에서 처리하는 인간은 구별해서 정리해야 안심하는 생명체다. 그래서 온갖 것들에 선을 긋고 구별했을 때 다 알게 된 듯한 기분이 드는 것이다. 사실은 그 구별이 없다고 한다면 갑자기 불안감에 사로잡힐 것이다. 식물과 동물의 경계조차 명확하지 않다니. 그런 생각을 하면 무서워서 밤에 잠이 오지 않을 것 같다.

세포 내 공생설과 식물의 조상

지구에 생명이 태어나기 전인 지금부터 38억 년 전. 그때는 단세포 생물만 있었고 동물과 식물의 구별이 없었다. 그러나 이 단세포생물은 동물과 식물의 공통 조상이었다. 단세포생물은 다른 생명체와 공생하면서 발달했던 것으로 보인다. 어느 순간, 어떤 생물은 광합성을 하는 다른 단세포생물을 세포 내로 받아들였다. 그리고 그곳에 들어간 생물은 소화되지 않고 세포 안에서 살게 되었다.

이 광합성을 하는 단세포생물이 현재 식물 세포 안에 있는 엽록체로 추측된다. 엽록체는 세포 내에서 독립된 DNA를 가지고 스스로 증식했다. 이 사실로 보아 엽록체는 원래부터 독립된 생물이었을 것으로 보인다. 이것이 미국의 생물학자 린 마굴리스(1938~2011)가 제창한 '세포 내 공생설'이다. 이렇게 해서 엽록체를 가진 단세포생물은 동물의 조상과 이별을 고하고 식물의 조상이 된 것으로 추측된다. 이 세포 내 공생설을 연상시키는 현상은 지금도 관찰할 수 있다.

아메바와 클로렐라의 공생

예를 들어 녹색 아메바라 불리는 아메바 종류는 몸속에 클로렐라를 살게 해서 공생한다. 또한 콘볼루타라고 불리는 편형동물은 체내에 사는 조류와 공생관계를 맺는다. 그리고 광합성으로 얻은 양분을 이용해서 살아간다.

갯민숭달팽이(*Elysia chlorotica*)라 불리는 바다민달팽이(Sea slugs)도 기묘한 생물이다. 이 바다민달팽이는 조류를 먹고, 그 안에 들어 있는 엽록체는 체내에 정착되었다. 바다민달팽이는 그 엽록체로 광합성을 하여 양분을 얻는다.

아버지와 어머니, 할아버지와 할머니, 증조할아버지와 증조할머니. 여러분의 조상을 따라 수십만 년 전까지 거슬러 올라가면 인류는 공통된 조상에 다다른다. 그리고 200만 년 전으로 더 올라가면 원시인류를 포함한 사람속(*Homo*)의 조상에 도착한다.

거기서 더 거슬러 올라가면 포유류의 공통 조상에 이르고, 약 4억년 전인 고생대 실루리아기까지 따라가면 인간도 동물도 새도 도마

뱀도 개구리도 물고기도, 모두 같은 조상으로 이어질 것이다. 그리고 더욱 올라가 6억 년 전의 아득한 옛날로 가면 우리 척추동물의 조상과 곤충 등 절족동물은 공통의 조상을 가진다. 이렇게 계속 거슬러 올라가다 보면 마침내 동물도 식물도 하나의 같은 조상에 이르게 된다.

인간과 너희들은 조상이 같구나

잡초는 뽑을수록
늘어난다

잡초는 원래 약한 식물

'잡초를 없애는 방법은 없나요?' 자주 듣는 질문이다. 사실 방법이
딱 하나 있다. 그것은 '제초를 하지 않는 것'이다. 정말 그 방법이 먹
힐까? 잡초는 원래 다른 식물과의 경쟁에 약한 식물이다. 그래서 온
갖 식물이 자라는 숲속에서는 감히 고개를 내밀지 못한다. 그 대신
잡초는 다른 식물이 자랄 수 없는 곳에서 난다. 제초를 하는 뜰이나
밭 같은 곳 말이다.

　제초를 하지 않으면 처음에는 잡초투성이가 되겠지만, 곧이어 커
다란 식물들이 연달아 자라난다. 작은 잡초가 자라고 있던 뜰에는
점점 큰 잡초가 무성해지게 된다. 그리고 작은 떨기나무들이 자라

덤불이 되고, 양지를 좋아하는 나무들이 자라나 숲을 이루며 이윽고 깊은 수풀로 변한다. 이러한 식생의 변화를 '식생 천이'라고 한다. 이렇게 되면 더 이상 작은 잡초는 낄 자리가 없어진다. 물론 이렇게 가만히 놔두면 뜰이나 밭에 울창한 삼림이 생기는 것이니 현실적인 이야기는 아니다. 그러나 그렇게 되면 잡초라 불리는 식물은 돋아날 수 없다.

풀베기는 뿌리를 재생시킨다

제초 작업은 시곗바늘을 되돌리듯 시간과 함께 변해 가는 천이를 멈추고 식물이 없는 최초의 단계로 되돌리는 '천이의 초기화' 작업이기도 하다. 제초가 이루어지는 환경은 식물에게 적합한 장소라고 할 수 없다. 그러나 다른 식물과의 경쟁에 약한 잡초는 일부러 그런 환경을 택했다. 그렇게 제초가 이루어지는 특수한 환경에 적응해서 특수한 진화를 이룬 식물만이 잡초로서 널리 퍼지고 있는 것이다.

그런 잡초는 얄밉게도 제초를 하면 할수록 번성하는 성질을 갖고 있다. 예를 들어 제초 작업으로 줄기가 잘려 나가면 그 잘린 조각 하나하나가 뿌리를 내서 재생하기도 한다. 이런 식으로 개체 수가 늘어나는 것이다. 게다가 깔끔하게 뽑아냈는데도 한참 지나면 다시 일제히 싹을 틔운다. 잡초는 작은 씨앗을 많이 맺는 특징이 있다. 그리고 땅속에는 어마어마한 양의 잡초 씨앗이 싹을 틔울 기회만 호시탐

탐 엿보고 있다. 이것을 '종자 은행(Seed Bank)'이라고 부른다. 그러니까 땅속에 잡초의 씨앗이 저장된 은행인이다.

식물의 씨앗 중에는 어두운 곳에서 싹을 틔우는 성질을 가진 것이 많다. 반면에 잡초의 씨앗은 대부분 햇볕이 닿아야 싹을 틔운다. 제초 작업으로 흙이 뒤집어지면 흙 속에 햇볕이 들어간다. 흙 속에 햇볕이 닿았다는 것은 라이벌이었던 다른 잡초가 뽑혀서 없어졌다는 신호이기도 하다. 그래서 땅속에서 기다리고 있던 잡초의 씨앗은 이때다 하고 싹을 틔우기 시작하는 것이다. 그러므로 제초 작업이 오히려 잡초가 번성하는 요인이 되는 것이다.

인류와 잡초의 싸움

제초 작업을 하면 할수록 제초에 강한 잡초가 살아남는다. 환경에 적응한 생물이 살아남아 진화해 나가듯, 잡초는 제초에 적응하며 진화를 이루어 왔다. 그리고 인간이 맛있는 채소나 아름다운 원예용 꽃을 얻기 위해 품종 개량을 해 왔듯이, 인간이 제초를 하면 할수록 제초에 강한 잡초가 선택을 받고 적응해 온 것이다. 그렇게 생각하면 잡초 또한 인간이 만들어 낸 특수한 식물이라고 할 수 있다. 풀을 베거나 뽑는 것은 잡초를 제거하기 위한 작업이다. 그러나 제거되는 과정에서 진화를 이룬 잡초는 오히려 이를 역이용하여 증식해 버리는 것이다. 그렇다고 해서 풀을 뽑지 않을 수는 없다. 인류는 이런 식으로 1만 년 이상이나 잡초와 싸워 왔다.

만화 〈도라에몽〉에서 진구는 아빠가 마당의 풀을 뽑으라고 시키자 도라에몽에게 "풀 뽑는 기계를 꺼내 줘~"라고 부탁한다. 그때 도라에몽은 이렇게 툭 내뱉는다. "그런 건 없어!" 타임머신이나 어디로든 갈 수 있는 문이 있는 미래에도 풀을 뽑아 주는 기계는 없는 것이다.

제초제에도
끄떡없는
슈퍼 잡초

슈퍼 잡초의 탄생

돌연변이 중에 항생물질이나 항균물질에 내성을 가진 저항성 병원균이 출현하는 경우가 있다. 또한 살충제에 죽지 않는 저항성 바퀴벌레도 나타나 문제가 되고 있다. 이러한 약제 저항성은 식물에서는 나타나기 어려운 것으로 알려져 있었다.

세대교체 속도가 빠른 균이나 해충은 돌연변이 개체가 나타나면 단숨에 증식한다. 그러나 식물처럼 1년에 한 번이나 몇 번만 꽃을 피워 씨앗을 남기는 속도로는 돌연변이 개체가 나타나더라도 증식하기 전에 죽고 만다. 또한 제초제에 끄떡없는 돌연변이는 식물의 일반적인 기능을 갖고 있지 않을 가능성이 높기 때문에 생존력이 약해서 다른 잡초와의 경쟁에 지는 경우도 많다.

그러나 지금 제초제에 끄떡없는 잡초가 잇따라 등장하면서 전 세계에 문제를 일으키고 있다. 그만큼 사람들이 제초제에 전적으로 의존해 왔다는 얘기다. 따라서 잡초는 딱히 다른 생존 전략을 발달시킬 필요 없이 제초제에만 잘 대응하면 되는 것이다. 이처럼 제초제에 끄떡없는 잡초를 '슈퍼 잡초(Super weed)'라고 부른다.

제초제는 제2차 세계대전 후 전 세계에 보급되었다. 농부들에게 잡초는 골칫덩어리였다. 제초 작업은 사람들을 괴롭히는 중노동이었기 때문이다. 그러나 제초제가 등장하면서 사람들은 잡초 때문에 애를 먹는 일이 급격하게 줄어들었다. 제초제는 이런 농부를 구원해 주는 마법의 도구였다. 그런데 제초제에 꿈쩍도 하지 않는 괴물 같은 돌연변이(뮤턴트)의 등장으로 지금 전 세계에 비상이 걸렸다.

악순환의 굴레에 빠진 미국

슈퍼 잡초가 일찍이 문제가 된 곳은 미국이다. 작물도 잡초도 같은 식물이라서 잡초만 말라 죽이고 작물은 살리는 성분을 골라내기란 간단한 일이 아니다. 그래서 미국에서는 유전자 조작으로 제초제에 저항성을 가지는 작물을 만들어 냈다. 그렇게 하면 제초제에 저항성을 가지고 있는 작물은 살아 있게 되고 그렇지 않은 잡초는 말라 죽게 된다. 그 결과, 효과와 안전성이 높은 제초제를 사용할 수 있게 되었다.

그런데 얼마 안 있어 그 어떤 식물도 말라 죽일 수 있었던 제초제에도 끄떡없는 슈퍼 잡초가 나타나 널리 퍼지기 시작했다. 미국에서는 슈퍼 잡초를 말라 죽일 만한 새로운 제초제가 연달아 개발되었다. 그러나 슈퍼 잡초는 새로 개발된 제초제에도 저항성을 보였다. 새로운 제초제 개발과 잡초의 저항성 발달이 그야말로 악순환의 굴레에 빠지게 된 것이다.

제초제가 무용지물이 되는 바람에 최근에는 제초제를 사용하지 않는 옛날 방식이 새롭게 주목을 받고 있다. 인류 농경의 역사는 한마디로 잡초와의 전쟁이었다고도 할 수 있다. 어느 시대를 막론하고 인간과 잡초는 싸움을 벌여 왔다. 그것은 과학이 발달한 21세기의 오늘날에도 전혀 변함이 없다.

SF 영화 〈인터스텔라〉에서는 이상 기후로 인류가 멸망의 위기에 처한 근미래를 그렸다. 비가 한 방울도 내리지 않는 미래. 사람들은 덮쳐 오는 모래바람에 벌벌 떨며 살아간다. 영화에서 농부인 주인공은 아들에게 이렇게 말한다. "오늘은 헛간에서 제초제 저항성 잡초에 대해 설명할 거야." 이와 같이 식물이 말라 죽는 미래에도 사람들은 여전히 슈퍼 잡초와 싸우고 있는 것이다. 인류와 식물의 전쟁은 아직도 끝나지 않았다.

거품 경제를
일으킨 꽃

튤립의 가격이 집 한 채 값과 맞먹는다

'친구들은 다 갖고 있다고. 나도 사 줘'라며 장난감이나 게임을 사 달
라고 부모에게 조른 적이 있을 것이다. 남들이 다 갖고 있으니 자기
도 갖고 싶은 것이 인간의 본능이다. 사실은 그렇게 갖고 싶은 것도
아니면서 다들 갖고 있다고 하면 덩달아 갖고 싶은 마음이 생기는
것이다.

사람들이 원하면 상품의 가격이 오른다. 가격이 오르면 별 관심이
없던 사람도 비싸게 팔아 돈 좀 벌어 볼 심산으로 사게 된다. 그러면
가격은 점점 더 오른다. 그리고 그 물건의 가치보다 훨씬 더 값이 비
싸진다. 이것이 거품 경제다.

여러분은 튤립 구근을 사겠는가? 얼마면 구근을 사겠는가? 놀랍게도 17세기 네덜란드에서는 서남아시아에서 가져온 튤립의 인기가 높아져 고가의 구근은 한 뿌리에 일반 시민의 연봉 10배 이상이었다고 한다. 그러다 집 한 채와 맞먹는 가격까지 올라가서 구근 한 뿌리를 손에 넣으려고 집까지 파는 사람도 있었다고 하니 정말 무서운 이야기다.

구근이 세계사를 바꿨다

당시 네덜란드는 해양 무역에 성공해 세계에서 손꼽히는 경제 대국이 되었다. 그래서 사람들은 여윳돈으로 구근을 샀다. 하지만 그래봤자 꽃의 구근인데 끝을 모르고 가격이 치솟는다니 말이 안 된다. 엄두도 내지 못할 정도로 가격이 오르자 많은 사람들은 구근을 살수 없게 되었다. 마침내 거품이 꺼지고 사람들이 꿈에서 깨어나자 구근의 값은 크게 폭락하며 많은 사람들이 재산을 잃었다. 결국 네덜란드는 부를 잃고 세계 경제의 중심지는 영국으로 옮겨 갔다. 식물의 구근이 세계의 세력 지도를 다시 그리고 역사까지 바꿔 버린 셈이다.

튤립 버블 중에서 희소가치가 있다고 하여 특히 고가에 거래되던 것이 얼룩무늬의 꽃을 피우는 '브로큰'이라는 희귀한 튤립이었다. 지금은 이 튤립의 무늬는 진딧물이 매개가 되어 바이러스병에 걸려

◆ 희귀한 무늬를 가진 튤립 브로큰

생기는 것이라는 사실이 알려졌다. 이렇게 고작 병에 걸린 튤립에 열광해서 거품 경제가 일어났다니, 정말이지 무서운 일이 아닐 수 없다. 물론 어이없는 이야기처럼 들릴 것이다. 하지만 그저 옛날이야기에 불과한 것일까.

가격이라는 요물

유행이란 건 참으로 묘하다. 사실 유행이 지나고 나면 왜 그런 게 유행했는지 의아하게 생각될 때가 꽤 많다. 그리고 수집가들 사이에서 물건이 고가에 거래되는 것을 보면, 그런 것에 관심 없는 사람들 입장에서는 시답잖은 잡동사니를 왜 그렇게 큰돈을 주고 살까 의아할 것이다. 물건의 가격은 인간이 정하는데도 사실 물건의 가격이 인간의 마음을 지배할 때도 있으니, 정말 요사스러운 존재다.

식물도 마찬가지다. 오늘날에도 희귀한 식물은 비싸게 팔린다. 인간이 개량해 만들어 낸 원예 식물이라면 그나마 낫다. 그런데 야생 식물의 경우에도 같은 일이 일어난다. 오늘날 환경의 파괴와 오염으로 많은 식물이 멸종 위기에 처해 있다. 그 수가 줄어들면 가격은 올라간다. 그리고 사람들은 그것을 손에 넣기 위해 뽑아서 가져가 버린다. 그러면 수가 더 줄어들어 점점 가치가 올라간다.

환경을 파괴하면 할수록, 값비싼 식물을 뽑아 가져가 버릴수록 그 식물의 가치가 올라가는 것이다. 그렇게 해서 지금까지 얼마나 많은 동식물이 멸종에 이르렀는가. 인간의 욕망이란 정말이지 무섭기 짝이 없다.

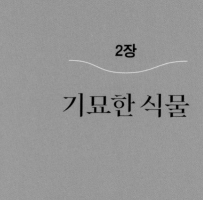

2장

기묘한 식물

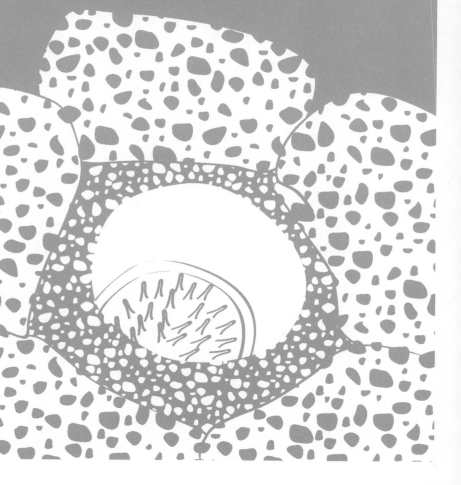

만약 당신이
벌레라면

위험으로 가득한 벌레의 세계

자연과학은 상상력이 필요하다.

직접 우주에 가지 못하더라도 끝없이 펼쳐지는 우주에 대해 상상은 할 수 있다. 타임머신은 없더라도 화석 조각을 보고 공룡의 생김새를 추측해 볼 수도 있다. 이것이 상상의 힘이다. 그렇다면 이런 상상은 어떤가. '만약 당신이 벌레라면……' 아마 상상해 보면 지금까지 아무것도 아니었던 일상의 풍경이 무시무시한 모습으로 바뀔지도 모른다.

당신은 한 마리의 자그마한 벌레다. 그런 상상을 한 순간부터 당신은 여러 생물들에게 목숨을 위협받게 된다. 도마뱀이 그늘에 숨어 혓바닥을 날름거리며 당신을 노리고 있다. 잎사귀에 숨어 당신이 움직이는 순간만을 기다리는 건 개구리다. 땅을 떠나 유유히 하늘을 날다가 거미줄에 걸릴지도 모르는 일이다. 하늘에서 새가 불현듯 덮칠지도 모르고, 그늘에 숨었지만 쫓아와 부리로 쪼며 기습할지도 모른다. 당신의 주변에는 무시무시한 괴물투성이다.

벌레의 마음이 되어 봐야 살아남는다는 게 이토록 힘든 일이라는 사실을 이해하게 될 것이다. 그런 점에서 식물은 안전하다. 식물은 돌아다니지도 않거니와 당신을 덮칠 염려도 없다. 이 얼마나 평화로운 생물인가.

마음이 놓인 당신은 마치 '비너스의 속눈썹'을 연상케 하는 아름다운 잎사귀에 머물러 날갯짓을 잠시 멈추고 휴식을 취했다.

식충 식물인 파리지옥

그런데 그때 갑자기 잎사귀가 닫히면서 당신의 몸을 꽉 짓누른다. 고작 0.5초 사이에 벌어진 일이다. 아차 싶을 때는 이미 늦었다. 당신은 옴짝달싹 못 하게 되었다.

이 식물의 이름은 파리지옥. '파리잡이풀'이라는 이름으로도 불리는 식충 식물이다. 대합처럼 쩍 벌어진 잎을 순식간에 닫아 벌레를 잡는다. 비너스의 속눈썹에 비유되고 잎 주위에 있는 가시는 벌레를 놓치지 않기 위한 것이다. 파리지옥의 영어 이름은 비너스 플

라이트랩(Venus Flytrap)인데 이것은 '여신의 파리잡이 덫'이라는 뜻
이다.

안쪽에 돋은 감각모는 센서 역할을 하므로 여기에 닿으면 스위치
가 작동돼 잎이 닫히는 구조로 되어 있다. 그런데 한 번 닿았다고 해
서 곧바로 닫히지는 않는다. 빗방울 등이 센서에 닿아 오작동을 일
으키는 것을 막기 위해서다. 파리지옥이 잎을 움직이려면 상당한 에
너지가 필요하다. 따라서 한 번 잎을 움직일 때 반드시 먹잇감을 잡
아야만 한다.

그래서 파리지옥은 짧은 시간 동안 센서에 두 번 자극이 있을 때

비로소 잎을 닫는다. 두 번 닿았다는 것은 벌레가 움직이고 있을 가능성이 크며, 잎의 중심부에 와 있을 수 있는 기회라고 판단하는 것이다. 아마 벌레인 당신이 무심코 센서를 두 번 건드린 모양이다.

식충 식물은 벌레를 잡아 양분을 얻는 것으로, 파리지옥만큼 재빨리 움직여 먹잇감을 잡는 식물은 없다. 진화학자 다윈은 파리지옥을 '세상에서 가장 신기한 식물'이라고 불렀다. 또한 어떤 메커니즘으로 일정 시간을 측정하여 그사이에 두 번 자극이 있으면 잎을 닫는지 밝혀지지 않았다. 참으로 비밀이 많은 식물이다.

파리지옥의 센서는 단백질을 감지해서 벌레 말고 다른 것을 잘못 잡았을 때는 잎을 벌린다. 하지만 잡은 것이 벌레라는 사실을 알면 잎을 벌리지 않는다. 다시 잎이 열릴 때는 벌레의 양분을 모두 소화·흡수한 뒤다.

파리지옥 속에서 서서히 의식을 잃어가다

아무리 기를 쓰고 발버둥질을 해도 굳건하게 닫힌 잎은 꿈쩍하지 않는다. 이렇게 된 이상 단박에 숨통을 끊어 주면 좋겠지만, 파리지옥은 그 바람조차 들어주지 않는다. 마치 이빨이 빽빽이 난 커다란 입을 닫아 먹잇감을 잡아먹은 것처럼 보이는데, 사실 먹잇감을 우걱우걱 씹는 일은 없다. 그 대신 그 안에서 천천히 조금씩 먹잇감의 몸을 녹인다. 몸이 녹아 가는 동안 벌레들은 의식이 있는 상태에서 발버

둥을 치게 된다. 짧은 일생이 주마등처럼 스쳐 지나갈지도 모른다.
그리고 마침내 그때가 온다. 온몸의 힘이 다해 생명의 불빛이 조용
히 꺼져 가는 때가.

파리가……
이런 최후는
맞고 싶지 않아……

식인 식물의 전설

아프리카에 사는 악마의 나무

세계 곳곳에는 식인 식물의 전설이 전해져 내려온다. 아프리카 대륙의 동쪽에 떠 있는 마다가스카르섬은 독자적인 진화를 이룬 고유의 생물이 많이 사는 것으로 알려져 있다. 이 마다가스카르에서 전설로 전해지는 식인 식물이 바로 '악마의 나무'다.

식충 식물이 냄새로 곤충을 유혹하는 것처럼, 악마의 나무는 냄새로 최면을 걸어 인간을 끌어들인다. 그리고 덩굴로 칭칭 감아 꼼짝 못 하게 만든 다음 피를 빨아 먹어 죽음에 이르게 한다. 1881년 미국의 신문에는 그 고장의 부족 의식에서 산 제물이 된 여성이 비명을 지르며 악마의 나무에게 먹혔다는 목격 사례가 보도되었다. 또한 중앙아메리카의 니카라과에는 원주민 사이에서 '악마의 덫'으로 불리는 흡혈 식물이 있다고 한다. 한 동식물 연구자가 반려견의 울음소리를 듣고 달려갔더니 새까만 나무에서 뻗어 나온 그물 모양의 덩굴이 반려견을 휘감고 있었다. 개를 구하려고 안간힘을 썼지만, 반려견은 이미 피범벅이 되어 있었다고 한다.

과연 이런 식물이 존재할까? 자연과학은 '있다'라는 사실은 증명할 수 있어도 '없다'라는 사실은 증명할 수 없다. 그것이 과학적 증명의 한계다. 정글 저 깊숙한 곳에 이러한 식물이 절대 없다고 단언할 수는 없다. 그러나 이 같은 식물이 존재하리라고 생각하기 어려운 것이 사실이다.

먼 옛날 탐험가들은 미지의 땅에서 보고 들은 것을 호들갑스럽게 과장해서 보고했다. 아마 그런 식으로 지어냈거나 혹은 전해지면서 이야기에 꼬리가 달리고 달려 생긴 전설일 것이다.

신기한 식충 식물

식충 식물의 대부분은 습지에 서식한다. 공기와 닿지 않는 습지의 토양에서는 유기물 분해가 순조롭게 진행되지 않기 때문에 분해 속도가 느려 습지에 사는 식물들은 양분을 보충하기 위해 벌레를 잡아먹게 되었다. 크기가 큰 식충 식물에는 벌레뿐만 아니라 개구리나 쥐 등의 동물이 덫에 걸릴 때도 있다. 그러나 개나 사람을 덮치려면 어마어마한 에너지가 필요하다. 그럴 에너지가 있으면 차라리 줄기나 잎을 더 뻗는 데 쓰는 것이 훨씬 합리적이다. 설령 식인 식물이 존재한다 해도 '사람을 먹는 활동'은 식물에게 득이 될 게 거의 없다.

그런데 벌레를 잡는 식충 식물의 진화는 상당히 신기하다. 아무리 양분을 얻고자 하는 일이라고는 해도 어쩌다 식물이 동물을 잡아먹게 되었을까? 정말 신기하다.

악마의 나무라니! 얼마나 무서운 식물일까?

이용하고
죽이는 식물

썩은 고기 냄새로 파리를 유인하는 반하

천남성(*Arisaema serratum*)은 한자로 '天南星'이라고 쓴다. 일본에서
는 꽃의 모양이 마치 뱀이 머리를 쳐들고 있는 것 같다고 해서 '살무
사풀'이라 불리기도 한다. 천남성은 천남성과 식물이다. 천남성과 식
물은 모두 비슷하게 생긴 꽃을 피운다.

　꽃을 피우는 식물은 대부분 꿀벌이나 등에 같은 곤충을 유인하여
꽃가루를 운반하게 한다. 그러나 천남성과 식물은 꿀벌이나 등에가
아닌 파리를 불러 모아 꽃가루를 운반하게 한다. 천남성과 꽃의 구
조가 복잡한 이유는 파리에게 꽃가루를 운반하게 하기 위함이다.

　반하(우리나라에서는 끼무릇이라고도 한다. 꿩의 무릇이라는 뜻도 있

다-옮긴이)는 여름의 절반에 해당하는 때에 싹이 나와 꽃이 핀다고
하여 붙여진 이름이다. 반하는 부패한 고기냄새를 풍겨 썩은 냄새를
좋아하는 파리를 유인한다. 그렇게 냄새에 낚인 파리는 반하의 꽃
속으로 들어간다. 꽃 속은 바깥보다 따뜻해서 파리에게 안성맞춤이
다. 게다가 그토록 좋아하는 썩은 고기 냄새가 진동한다.

　그런데 무서운 덫이 기다리고 있다. 꽃 속은 낚싯바늘의 갈고리
같은 구조로 되어 있어서 한번 들어가면 나올 수가 없다. 하지만 냄
새에 이끌린 파리는 전혀 눈치 채지 못한다.

　꽃의 내부 위쪽에는 수꽃이, 아래쪽에는 암꽃이 달려 있다. 처음
에는 암꽃이 핀다. 이때 꽃에는 눈을 씻고 찾아봐도 출구가 없다. 파

리가 알아차렸을 때는 늦다. 파리는 이미 잡힌 몸이다. 그야말로 절체절명의 위기다. 그러나 절망에 빠진 파리가 자포자기 상태에 이르렀을 때 구원의 손길이 뻗어 온다. 며칠 지나 수꽃이 피어나면 꽃속에는 한 줄기의 빛이 새어 들어온다. 꽃 아래쪽에 아주 약간의 틈이 생기는 것이다. 바깥에서 새어드는 빛 하나만 보고 발버둥이를 치며 가까스로 탈출한 파리의 몸에는 온통 꽃가루가 묻어 있다.

파리는 정말이지 집요한 생물이다. 이렇게 된통 혼이 나고도 썩은 고기 냄새의 유혹을 이기지 못해 다시 다른 반하 꽃을 찾는다. 그리고 또다시 갇힌 파리가 출구를 찾아 날뛰는 동안 암꽃에 꽃가루가 옮겨 붙는다. 수분에 이용된 파리로서는 참으로 안타까운 일이다.

볼일이 끝난 파리의 운명

그런데 파리를 잠시 가둬 두는 반하의 방법은 상당히 양심적이다. 천남성은 다르다. 반하가 한 포기에 수꽃과 암꽃이 같이 피는 암수한포기인 반면, 천남성은 암꽃과 수꽃을 따로 피우는 암수딴포기다. 다행히 수포기를 찾은 파리에게는 꽃가루를 암포기로 옮기는 역할이 남아 있다. 그래서 수포기의 수꽃에는 반하와 똑같이 아주 좁은 출구가있어 파리는 꽃가루 범벅이 되면서도 어떻게든 탈출할 수 있다.

그러나 암포기에서는 비극이 기다리고 있다. 암꽃에 들어간 파리는 출구를 찾아 발광하면서 꽃가루를 암꽃술에 붙인다. 이걸로 천남성은 원하는 것을 이루고 꽃가루를 운반해 온 파리에게 더 이상 볼일이 없다. 따라서 암포기에는 출구가 없다. 실낱같은 출구를 발견했던 수포기에서의 기억을 떠올리며 파리는 필사적으로 출구를 찾을 것이다. 하지만 출구가 있을 리 없다. 갇힌 파리는 암포기의 꽃 속에서 그저 죽음을 기다릴 뿐이다.

천남성은 식충 식물이 아니므로 파리의 양분을 빨아들이지는 않는다. 암포기의 꽃 속에는 그런 파리들의 잔해만 있을 뿐이다. 차라리 식충 식물처럼 벌레의 목숨을 하찮게 다루지 않고 먹어 주기라도 한다면 눈이라도 편히 감을 텐데. 이렇게 무서운 천남성과 식물의 꽃은 부처가 앉아 있는 대좌의 후광과 비슷하다고 해서 '불염포'라고 불린다. 이 얼마나 아이러니한 이름인가. 이래서야 파리가 성불을 할 수 있을까?

정글의
식인 꽃!?

거대하고 붉은 꽃

1818년의 일이다. 영국의 조사대는 인도네시아의 정글 깊은 곳에서 환상의 거대 꽃을 발견했다. '식인 꽃.' 조사대 일행 사이에서 동요가 일었다. 지름 1미터가 넘는 거대하고 붉은 꽃은 사람을 집어삼킬 듯이 커다란 입을 쩌억 벌리고 조사대가 가까이 다가오기만을 기다리고 있었다. 그 수상한 모습은 마치 조사대를 비웃는 것도 같았다.

현지인들은 이 꽃을 '붕아 방카이(*Amorphophallus titanum*)'라고 불렀다. '시체꽃'이라는 뜻으로, 꽃에서 시체 썩는 냄새가 난다고 해서 붙여진 이름이다. 꽃 속에는 이 식인 꽃에 희생된 망자들의 유해가 남아 있을까?

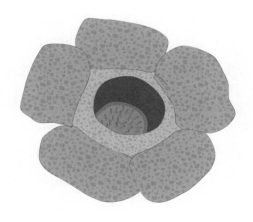

이 꽃은 오늘날 라플레시아라는 이름으로 불린다. 라플레시아는 세계에서 가장 큰 꽃이다. 라플레시아는 식인 꽃이 아니지만 그런 오해를 받는 것도 무리는 아니다. 아무튼 줄기도 잎사귀도 없다. 땅 위에 거대한 꽃이 달랑 피어 있을 뿐이다.

기생하기 때문에 크게 자란다

그런데 줄기와 잎사귀 없이 꽃만 피우는 게 가능할까? 사실 라플레시아는 기생 식물로, 포도과 식물의 뿌리에 기생해서 양분을 빨아들여 꽃을 피운다. 식물에게 가장 중요한 기관은 씨앗을 남길 수 있는 꽃이다. 줄기를 뻗고 잎을 펼쳐 성장하는 것은 모두 꽃을 피우기 위함이다. 그렇게 생각하면 라플레시아는 여분의 줄기도 잎도 없이 꽃만 피우는 매우 이상적인 형태라고 말할 수 있을지도 모르겠다.

게다가 라플레시아에는 다른 식물처럼 단단한 뿌리도 없다. 라플레시아는 얇은 관처럼 생긴 기생근이라 불리는 기관을 포도과 식물의 뿌리에 꽂는다. 홀로서기를 하지 않아도 되니 튼튼한 뿌리가 필요 없다. 링거 관처럼 얇은 기생근 하나면 충분하다.

아무튼 세상에서 가장 큰 꽃이 자기 힘으로 살지 못하는 기생 식물이라니, 세상은 참 부조리하다. 하지만 줄기와 잎이 없으니 모든 에너지를 꽃 피우는 데 쏟아 부을 수 있다. 이렇게 라플레시아는 거대한 꽃을 얻을 수 있는 것이다.

노란 흡혈귀의 기생 생활

나팔꽃의 성장이 빠른 이유

어린 시절에 나팔꽃을 관찰해서 그림일기로 적어 본 적이 있을 것이다. 나팔꽃의 씨앗을 심으면 먼저 떡잎이 난다. 그리고 본잎이 한 장 뒤따라 나온다. 이윽고 잎의 개수가 늘어나면서 덩굴이 뻗어 나간다. 그런데 이때부터 고생길이 시작된다. 나팔꽃은 연달아 잎이 나면서 덩굴이 쭉쭉 뻗어 나간다. 일기를 하루라도 빼먹으면 눈 깜짝할 새에 커져 있다.

나팔꽃의 성장이 빠른 이유는 덩굴식물이기 때문이다. 일반 식물은 자신의 줄기로 일어서야 하므로 완강히 버티면서 성장한다. 하지만 덩굴식물은 다른 식물에 의지하며 뻗어 나가기 때문에 자신의 힘

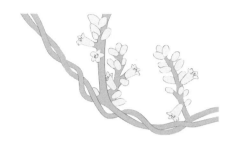

으로 일어설 필요가 없다. 줄기가 튼튼할 필요가 없으니 그만큼 에너지를 성장하는 데 쓸 수 있는 것이다.

노란 흡혈귀

이런 덩굴식물의 '남에게 기대면 힘들이지 않고 빨리 커질 수 있다'는 전략에서 한술 더 뜨는 것이 기생 식물이다.

새삼은 나팔꽃과 같이 메꽃과 식물이다. 이 꽃은 기생 식물답게 뿌리가 없다. 또한 광합성을 하기 위한 엽록소도 없어서 콩나물처럼 흐릿한 황백색을 띠고 있다. 그 모습을 보고 '노란 흡혈귀'라는 별명이 붙었다.

뿌리가 없다고는 하지만 씨앗에서 이제 막 싹을 틔운 새삼에는 뿌리가 있다. 그리고 먹잇감을 찾아 땅에 납작 붙어 줄기를 뻗어 나간다. 다른 덩굴성 식물처럼 마구잡이로 기어오르지는 않는다. 인공적인 버팀대나 이미 기력이 다한 식물에는 눈길도 주지 않는다. 먹잇감을 노리는 뱀처럼 근처에 있는 식물들을 훑고, 거기서 뿜어져 나오는 휘발성 물질을 감지하여 싱싱한 식물의 줄기를 골라 휘감는다.

먹잇감에 달라붙은 새삼은 이제 필요 없어진 뿌리를 없애 버린다. 곧 이빨 같은 기생근이 덩굴에서 연이어 돋아나 먹잇감의 몸에 파고든다. 그리고 마치 흡혈귀가 송곳니로 생혈을 빨아먹듯이 칭칭 옭아맨 먹잇감의 몸에서 양분을 빨아들인다. 가끔은 숙주 식물을 말라죽일 때도 있는데, 먹잇감이 없어지면 새삼끼리 서로 얽히고설켜 동족상잔을 벌이기도 한다.

이런 식물이 나팔꽃의 친구라니 상상도 가지 않는다. 무엇이 새삼을 노란 흡혈귀로 만들었을까? 기생 식물로 사는 길을 택한 새삼은 뿌리도 잎도 없다. 만약 기생하지 못한다면 더 이상 살아갈 수 있는 방법은 없다. 기생 생활이라는 게 언뜻 편해 보이지만, 사실은 목숨을 건 투쟁이다.

새삼……
넌 나팔꽃의
친구구나

교살 식물의 공포

대만 고무나무의 나쁜 음모

오키나와 제도에 전해 내려오는 전설의 요괴 기지무나는 대만 고무나무에 산다. 대만 고무나무는 예로부터 신성한 나무로 여겨져 왔다. 대만 고무나무는 수많은 줄기와 뿌리가 얽히고설켜 생김새가 매우 복잡하다. 그 새새틈틈에는 많은 생물이 같이 살고 있어 흡사 하나의 숲처럼 보인다.

동남아시아의 옛 유적지에 가 보면 건축물을 가릴 정도로 크다. 유명한 아유타야 유적지에서는 불상을 에워싸고 무성하게 자라나 있다. 스튜디오 지브리 영화 〈천공의 성 라퓨타〉에서도 거대한 나무의 가지나 뿌리가 오래된 건물을 둘러싼 모습을 볼 수 있다. 그 모델

이 된 나무가 바로 대만 고무나무다.

　그러나 정령이 산다는 대만 고무나무도 다른 나무들에게는 공포
의 식물이다. 덩굴식물은 다른 식물에 달라붙어 휘감으며 위로 쭉쭉
올라간다. 그러나 나무들이 우거진 열대 우림에서 위로 올라가기란
만만치 않은 일이다. 그래서 대만 고무나무는 역발상으로 나쁜 음모
를 꾸민다.

　식물의 씨앗은 새가 열매를 먹고 똥을 눌 때 밖으로 배출되어 널
리 퍼지는 경우가 많다. 대만 고무나무의 씨앗도 그런 식으로 새똥
과 함께 나뭇가지에 착상한다. 씨앗이 땅에 떨어지지 않았으니 왠
지 위기에 빠진 것처럼 보이지만, 이것이 대만 고무나무의 계획이

다. 대만 고무나무는 나무 위에서 싹을 틔우고 땅을 향해 뿌리를 뻗는다. 물론 흙이 없는 나무 위에는 양분이 없다. 그래서 대만 고무나무는 착상한 나무에 기생하여 필요한 양분을 빨아들인다. 이 모습은 여느 기생 식물과 다름이 없다.

교살 식물은 숙주를 말라비틀어지게 만든다

대만 고무나무의 뿌리가 나무줄기를 타고 가는 모습은 담쟁이덩굴 같은 여느 덩굴식물과 별반 다를 게 없어 보인다. 그러나 다른 덩굴 식물이 아래에서 위로 줄기를 뻗는 것과 달리, 대만 고무나무는 위에서 아래로 뿌리를 뻗는다.

이윽고 뿌리 하나가 땅에 닿으면, 대만 고무나무는 무시무시한 살인귀의 모습을 드러낸다. 뿌리를 내린 흙에서 양분을 얻으며 대만 고무나무는 단숨에 성장하기 시작한다. 숙주의 나무줄기를 가느다란 뿌리로 두르더니, 점점 두툼하고 단단해지면서 밧줄로 칭칭 감듯이 옭아맨다. 그리고 마침내 숙주가 보이지 않을 정도로 뒤덮어버린다.

이와 같은 성장을 보이는 덩굴식물을 '교살 식물'이라 부른다.

교살 식물은 숙주 식물인 나무를 칭칭 감아 뒤덮고, 결국에는 말라비틀어지게 만든다. 실제 나무를 목 졸라 죽이는 것은 아니지만, 햇빛을 전부 가려 말라비틀어지게 만드는 모습이 마치 목을 졸라 죽이는 것처럼 보인다. 칭칭 휘감은 나무가 썩어 없어져도 교살 식물은 쓰러지지 않는다. 그쯤에는 땅속에 두툼한 뿌리를 내려 스스로 일어설 수 있게 될 테니 말이다.

작은 씨앗에서 싹을 틔운 식물이 큰 나무가 빽빽이 들어선 숲속에서 스스로의 힘으로 자라나기란 만만치 않은 일이다. 대만 고무나무 같은 교살 식물은 숙주 식물을 점령하는 방법으로 경쟁이 치열한 숲속에서 살아가는 것이다.

어떻게 걸을 수 있을까

식물과 동물의 차이는 무엇일까. 그중 하나가 식물은 움직이지 않지만 동물은 움직일 수 있다는 점이다. 동화나 SF 영화에서는 돌아다니는 나무가 등장하기도 한다. 주인공이 밤의 숲에서 길을 잃으면 나무들이 눈을 희번덕거리며 요사하게 웃는 장면들을 볼 수 있다. 그리고 나무 괴물은 가지를 팔처럼 휘두르며 뿌리를 다리 삼아 뚜벅뚜벅 밤의 숲을 돌아다닌다.

그런데 말이다. 현실 세계에서도 걸을 수 있는 식물이 있다고 한다. 그 식물은 이름도 '워킹 팜(Walking Palm)'이라고 불린다. 학명은 소크라테아 엑소르히자(*Socratea exorrhiza*). 소크라테아는 걸어 다

니면서 묻고 답했다는 철학자 소크라테스에서 따온 이름이다.

워킹 팜은 중앙아메리카와 남아메리카에 걸친 정글에서 볼 수 있다. 그렇다면 워킹 팜은 어떻게 걸을 수 있을까? 워킹 팜은 '지주근'이라는 뿌리를 땅 밑으로 여러 가닥 내려 몸을 지탱한다. 그 모습은 마치 문어 다리 같다.

빛이 있는 쪽으로

워킹 팜은 빛이 있는 쪽을 향해 줄기를 뻗는다. 그러면 몸을 떠받치듯 올라가는 방향으로 줄기에서 새로운 지주근이 돋아나 뻗는다. 기존의 지주근은 할 일을 잃고 머지않아 없어진다. 그렇게 점점 빛이 있는 쪽으로 옮겨 가는 것이다.

정글 속은 빛이 닿는 장소가 일정하지 않다. 그래서 워킹 팜은 빛이 있는 곳을 찾아 정글 속을 걸어 다니는 것이다. 그렇다면 워킹 팜은 어느 정도의 속도로 걸어갈까? 아쉽게도 워킹 팜은 뚜벅뚜벅 걸어 다니지는 않는다. 워킹 팜의 이동 거리는 1년에 평균 10센티미터 정도라고 한다. 고작 이 정도 움직이는 식물에게 '워킹'이라는 이름을 붙이다니……. 정말 무서운 이야기다.

사자를 죽이는
풀이 있다고?

남아프리카의 덩굴식물

지상에서 가장 강한 동물은 무엇일까?

백수의 왕이라 불리는 사자는 유력한 후보 중 하나다. 그런데 이런 사자를 죽이는 식물이 있다. 도대체 얼마나 사나운 식물일까? 그 식물은 '악마의 발톱'(*Harpagophytum procumbens*)이라고 불린다. 일본에서는 '사자를 죽이는 자'라는 뜻의 '라이온고로시'라는 이름을 가지고 있다. 이 얼마나 무시무시한 이름을 가진 식물이란 말인가.

악마의 발톱은 남아프리카에 자생하는 덩굴식물이다. 악마의 발톱이라는 무시무시한 이름에 걸맞지 않게 앙증맞은 자홍색 꽃을 피운다. 이 덩굴식물이 어떻게 해서 백수의 왕 사자를 죽일 수 있단

말인가.

　가을 들판에 나갔다 오면 울산도깨비바늘과 같은 다양한 식물의 씨앗이 옷에 붙어 온다. 이런 식으로 인간이나 동물에게 달라붙어 씨앗을 옮기게 해서 널리 퍼뜨리는 것이다.

　악마의 발톱도 도깨비바늘과 똑같다. 하지만 악마의 발톱 열매에는 무섭고 거대하며 날카로운 가시가 달려 있다. 이게 동물에게 박히는 것이다. 이 가시는 갈고리 모양으로 되어 있어서 한번 박히면 잘 빠지지 않는다.

상처가 곪아 쇠약해진다

사자가 악마의 발톱 열매를 밟으면 이 열매는 발에 단단히 박힌다.

발에 붙은 열매를 떼려고 입으로 물고 당기면 악마의 발톱 열매가 입에 붙는다. 이렇게 되면 큰일이다. 악마의 발톱 열매는 도무지 빠지지 않기 때문에 떼어내려고 몸부림칠수록 점점 파고들어 가 상처가 나고 곪는다.

결국 사자는 사냥을 못해 굶주린 채 상처 때문에 끙끙 앓다가 이내 쇠약해져 죽고 만다. 그리고 악마의 발톱은 죽은 사자의 사체 옆에서 새싹을 틔운다고 한다. 그야말로 악마의 발톱이라는 이름에 걸맞게 잔혹한 식물이다.

열매 하나를 퍼뜨릴 때마다 사자를 한 마리씩 죽이게 된다면 결국 사자는 멸종에 이를 것이고 그러면 악마의 발톱은 씨앗을 퍼뜨릴 수 없게 된다. 아무튼 세상에는 이렇게 무시무시한 식물도 있다.

백수의 왕을 쓰러뜨리다니 대단하다……!!

아름다운 악마

몇 주 만에 연못을 가득 채운다

신문지를 100번 접으면 그 두께가 얼마나 될까?

신문지의 두께를 0.1밀리미터로 잡고, 한 번 접으면 0.2밀리미터
가 된다. 두 번 접으면 그 2배인 0.4밀리미터가 된다. 세 번 접으면
그 2배인 0.8밀리미터가 된다. 이렇게 열 번 접으면 2의 10제곱이니
까 1,024배가 된다. 즉 0.1밀리미터의 약 1,000배인 10센티미터다.

열네 번 접으면 1미터가 넘는다. 스물네 번 접으면 1킬로미터가
넘는다. 그리고 쉰한 번을 접으면 지구에서 태양까지의 거리와 비슷
해진다. 이렇게 100번 접으면 놀랍게도 그 두께가 우주 전체보다 커
진다.

　물론 신문지를 100번 접기란 불가능하다. 그러나 두 배씩 계속 늘어난다는 것은 이렇게 무시무시한 일이다.

　여름이 되면 연못이나 수로에 보라색의 아름다운 꽃을 한가득 피우는 물옥잠은 영어로는 워터 히아신스(Water hyacinth)라고 불린다. 하지만 물옥잠은 '아름다운 악마(Beautiful devil)'라는 이름도 갖고 있다. 이렇게 아름다운 수초가 왜 악마라고 불릴까? 물에 떠 있는 물옥잠은 일주일 동안 그 수가 2배로 늘어난다. 그리고 또 일주일이 지나면 4배로 늘어난다. 다시 일주일이 지나면……. 이런 식으로 2배씩 불어난다. 연못의 절반을 뒤덮은 물옥잠은 고작 일주일 사이에 연못을 가득 채운다. 그야말로 눈 깜짝할 새에 벌어지는 일이다.

물옥잠은 썩은 바다의 식물!?

물옥잠으로 뒤덮인 연못은 물속에 빛이 닿지 않게 된다. 그래서 물고기나 수생생물이 살지 못하는 죽음의 연못으로 변해 버린다. 또한 가득 핀 물옥잠은 배가 지나다니는 것을 방해하거나 물의 흐름을 막아 피해를 준다.

물옥잠은 '100만 달러짜리 잡초'라는 별명도 갖고 있다. 결코 아름답기 때문이 아니다. 없애려면 억 단위의 비용이 든다고 해서 붙은 이름이다. 물옥잠은 남아메리카가 원산지이지만, 이제는 전 세계로 널리 퍼져 방방곡곡에서 맹위를 떨치고 있다.

그런데 신기하게도 이 물옥잠을 물이 깨끗한 연못에 넣으면 전혀 자라지 않는다. 오히려 어느새 사라질 때도 있다. 사실 더러운 물이 바로 물옥잠을 늘어나게 하는 영양원이다. 생활하수나 공장 배수가 흘러들어 온 물은 질소나 인 등의 영양분이 풍부하기 때문에 물옥잠이 비정상적으로 번식을 하는 것이다. 물옥잠을 악마로 만든 것은 다름 아닌 인간이었다.

스튜디오 지브리의 영화 〈바람계곡의 나우시카〉에서는 산업 문명이 붕괴된 후의 미래에 사는 사람들이 독을 분출하는 부해(썩은 바다) 숲의 식물 때문에 고통을 받는다. 그러나 주인공 나우시카는 인류가 더럽힌 대지의 독소들을 부해의 식물들이 몸으로 흡수해서 흙과 물을 정화하기 위해 탄생되었다는 사실을 알게 된다. 나우시카는 묻는다. "누가 세상을 이렇게 만들었을까?"

그러고 보니 물옥잠 꽃의 중앙부 모양이 나우시카가 몸에 두른 전설의 푸른 옷에 그려진 문양과 왠지 비슷한 느낌이 든다. 어쩌면 물옥잠은 나우시카와 똑같은 질문을 인류에게 던지고 있는 것인지도 모르겠다.

물구나무서기를 한 인간 식물

기묘한 생물을 상상하다

지구에는 존재하지 않을 것 같은 우주 생물을 상상해 보자. 어떻게 생긴 괴물일까? 머리가 거대한 생물일까? 눈을 4개나 가진 생물일까? 손과 발이 몇 개씩 달린 생물일까? 아니면 눈도 입도 없고 셀 수 없이 많은 촉수로 공격하는 생물일까? 그들은 어떤 먹이를 먹으며 살아갈까?

아무리 말이 안 되는 생물을 생각한다 해도 지구에 존재하는 생물을 진화시키는 정도에서 벗어나기란 꽤나 힘들다. 곤충의 대부분은 눈이 4개나 5개 달려 있고, 심지어 거미의 눈은 6개다. 문어나 지네는 다리가 여러 개 달렸고, 해파리는 촉수만 가지고 사냥을 한다.

그렇다면 이런 생물을 상상해 보면 어떨까? 인간과는 정반대인 생물 말이다.

　인간의 머리는 몸의 꼭대기에 달려 있다. 그리고 얼굴에 있는 입으로 영양분을 취한다. 그러나 그 생물은 반대다. 입은 아래에 달려 있고 먹잇감을 잡지 않는다. 그 대신 머리를 땅속에 박고 흙에서 양분을 취한다. 그리고 기묘하게도 그 생물은 몸 위쪽에서 분신을 만들어 낸다. 그러니까 인간과는 위아래가 반대여서 위쪽이 하반신이고 아래쪽이 상반신이다. 이 얼마나 기묘한 괴물인가.

　생각해 보라. 이 생물이 바로 '식물'이다. 그리스의 철학자 아리스토텔레스는 "식물은 물구나무서기를 한 인간이다"라고 말했다. 인간이 영양분을 취하는 입은 상반신에 있지만, 식물이 양분을 얻는 뿌리는 하반신에 있다. 그리고 식물은 생식기관인 꽃이 상반신에 있고, 인간은 생식기관이 하반신에 있다. 생각해 보면 식물은 상당히 기이한 생물이다. 그러나 식물과 인간 중 압도적으로 그 수가 많은 것은 식물이다. 우리 주변에는 무수히 많은 식물이 있다. 그런 식물들 입장에서 보면 '인간은 물구나무서기를 한 식물'인 것이다. '인간이란 어쩜 그렇게 기묘할까?' 식물은 분명 이렇게 생각할 것이다. 평소에는 별생각 없이 봤던 것도 하나하나 뜯어보면 신기할 때가 있다.

식물의 마음

식물도 인간과 똑같이 감정이 있을까? 이건 어려운 문제다. 식물의
입장이 되어 보지 않으면 알 수가 없다. 모든 생물은 외부 환경을 감
각하고 그것에 적응하여 살아간다. 예컨대 식물은 빛을 감지해 빛을
향해 줄기를 뻗으며 잎을 펼친다. 그러나 인간처럼 밝다거나 눈부시
다고 느끼지는 못한다.

인간의 눈은 빛의 정보를 전기 신호로 변환해서 뇌에 전달한다.
신호를 받은 뇌는 '눈부시다'라고 인식한다. 인간은 눈이 없으면 빛
을 느낄 수 없다. 눈을 가리면 손과 발이 빛을 받아도 밝다는 걸 느
끼지 못하는 것이다.

인간의 정보 또한 인간의 뇌가 만들어 낸 것이다. 인간은 외부의

자극을 전기 신호로 바꿔서 뇌에 전달해 정보를 처리한다. 그런 구조로 진화해 왔다. 정보 역시 그러한 뇌의 작용을 통해 생성된 것이다.

인간이 그렇다고 해서 다른 생물도 반드시 그럴 거라고 생각하는 것은 옳지 않다. 물벼룩도 해파리도 지렁이도, 그리고 식물도 외부의 환경 조건을 느끼면서 살아간다. 다만 그 구조가 인간과 다르다.

식물이 어떤 마음을 갖고 있는지는 식물이 아니면 모르지만, 그것은 인간이 가지는 감각이나 감정과는 완전히 다르다는 것만은 분명하다.

식물과 거짓말 탐지기

유명한 실험이 있다. 거짓말 탐지기 전문가인 연구자가 식물이 거짓말 탐지기에 어떤 반응을 보이는지 실험했다. 그러자 놀라운 사실이 밝혀졌다. 드라세나라는 식물을 거짓말 탐지기에 연결해서 뜨거운 커피에 담갔더니 거짓말 탐지기에는 아무런 변화가 없었다. 다시 말해 식물이 열에 반응을 하지 않았다는 것이다. 그런데 신기한 일이 일어났다. 성냥불로 잎을 태우려고 했더니 거짓말 탐지기가 격렬하게 움직인 것이다. 게다가 불을 붙이지 않고 성냥에 그냥 손을 가져다 대기만 해도 거짓말 탐지기가 반응을 보였다. 태우려는 척만 할 때는 거짓말 탐지기가 반응을 하지 않았지만, 정말 태우려고 할 때만 움직임을 보였다. 놀랍게도 식물은 인간의 살기를 알아차리고 동

요한 것이다.

　거짓말 탐지기의 종류를 바꾸고 식물의 종류를 바꿔도 똑같은 결과가 나왔다. 이 사실에서 식물은 인간의 감정을 읽는 것이 가능하다는 결론을 내릴 수 있었다. 그뿐만이 아니다. 식물의 눈앞에서 다른 식물을 짓밟은 다음에 실험했더니, 식물을 짓밟은 장본인이 가까이 다가왔을 때만 공포를 느끼고 거짓말 탐지기가 움직였다. 여기서 식물은 인물을 인식하고 기억할 수 있다는 사실을 알 수 있다. 식물은 정말 인간과 똑같이 감정을 가지고 있을까?

과학은 가끔 거짓말을 한다

현재는 이 실험 결과가 잘못된 것으로 밝혀졌다. 물론 실험한 사람이 고의로 데이터를 날조한 것은 아니다. 그러나 거짓말 탐지기를 식물에 연결했을 때, 일관성 있는 반응이 나타나지 않는다.

과학에서는 가설을 세워 검증한다. '식물에 감정이 있다'가 이 실험의 가설이다. 하지만 '식물에는 분명히 감정이 있을 거야'라고 단정 지어서 생각하면 모든 데이터를 그런 쪽으로 해석하려 들기 마련이다.

어쩌면 거짓말 탐지기는 움직였다가 움직이지 않았다가 했을 수도 있다. 하지만 움직일 것이라는 믿음이 있는 이상, 움직이지 않았을 때는 실험이 잘되지 않았다고 여기고 다시 진행하거나 실험 방법을 바꾸기도 한다. 이런 식으로 움직이지 않았을 때의 데이터는 제외하고, 어쩌다 움직였을 때의 데이터만 취했을 것이다. 이와 같이 과학에는 확고한 믿음 때문에 데이터를 잘못 해석하고 잘못된 결론을 도출하는 위험이 항상 도사리고 있다.

식물과 인간은 완전히 다른 구조로 살아간다. 그 때문에 많은 사람들은 '식물에 감정이 있다'라는 가설을 믿지 않았다. 그러나 과학의 세계에서는 때때로 이런 일이 일어난다. 그리고 많은 사람들이 그것이 그럴싸한 가설이라고 믿는다. 과학은 가끔 거짓말을 한다.

인간은 감정이 있는 생물이다. 인간의 사고나 감정이 불확실하듯이, 인간이 하는 과학적인 검증이 항상 옳다고는 볼 수 없다. 인간은 감정이 있는 생물이다. 과학에서는 인간의 '확고한 믿음'이 가장 무서운 법이다.

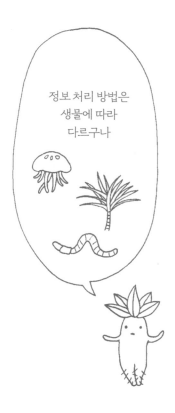

꽃무릇의 독

추분 즈음에 피는 꽃무릇은 '지옥화', '유령화', '사인화(死人花)' 등 섬뜩한 이름들을 갖고 있다. 꽃무릇은 무덤가에 많이 핀다. 꽃무릇의 선홍색 꽃이 무덤가에 한가득 핀 광경을 보면 확실히 섬뜩하긴 하다. 게다가 꽃을 만지면 손에 염증이 생긴다거나 집에 장식해 두면 불이 난다는 무서운 이야기까지 전해진다.

꽃무릇은 신기하게도 씨앗을 맺지 않는다. 일반 식물은 염색체 덩어리가 2쌍인 2배체인데, 꽃무릇은 3쌍인 3배체다. 식물이 열매를 맺으려면 수술의 꽃가루와 암술의 배주(성숙하여 씨앗이 된다)를 만들기 위해 염색체 덩어리를 2개로 나눠야 한다. 그러나 3배체는 염

색체 덩어리 수가 홀수라서 정상적으로 씨앗을 만들 수가 없는 것이다. 꽃무릇은 구근으로 번식하는데, 구근은 멀리까지 이동하지 못한다. 그 말인즉슨 무덤가에 피어 있는 꽃무릇은 누군가 심었다는 뜻이다. 대체 누가 꽃무릇을 심었을까?

꽃무릇은 구근에 독성이 있다. 이 독성분이 시체를 헤집는 쥐나 봉긋 솟아오른 흙무덤에 구멍을 뚫는 두더지를 가까이 오지 못하게 하는 효과가 있다고 한다. 그래서 무덤을 지키기 위해 꽃무릇을 심는 것이다.

그뿐만이 아니다. 일본 에도 시대에 쓰나미를 피하기 위해 흙을 쌓아 만든 명산(命山)에 꽃무릇이 지천으로 피어난 적이 있다. 꽃무룻의 구근에는 독이 있지만, 물에 잠겨 독이 씻겨 내려가면 풍부한 전분을 얻을 수 있다. 그래서 기근이나 천재지변 등 재난 상황에서 식량으로 삼기 위해 심었다고 한다.

누군가가 심은 꽃무릇

무덤은 홍수가 나도 괜찮도록 고지대 또는 흙을 봉긋하게 쌓아서 안전한 장소에 만든다. 그래서 재해가 일어나면 피난 장소인 무덤가에 꽃무릇을 심었던 모양이다.

꽃무릇은 중국이 원산지인데, 신기하게도 중국에는 씨앗을 맺는 2배체 꽃무릇이 있다. 염색체 수가 많은 3배체 꽃무릇은 2배체보다 식물체가 커진다는 특징이 있다. 하지만 3배체 꽃무릇은 씨앗을 낳지 않는 대신 구근이 크게 자란다.

일본에 3배체 꽃무릇이 널리 퍼져 있는 이유는 조몬 시대보다도 더 오래된 옛날에 식량으로 먹기 위해 일본에 들어왔기 때문으로 추측된다. 그리고 기나긴 시대를 거치면서 사람들은 각지에 꽃무릇을 심었다. 꽃무릇이 밭두렁이나 강둑 등 사람이 사는 곳 가까이에서 꽃을 피우는 이유는 그 때문이다.

현재 각지에서 볼 수 있는 꽃무릇은 그 기원을 거슬러 올라가면 모두 기나긴 역사 속에서 누군가가 직접 손으로 심은 것들이다. 옛 사람들에게 꽃무릇은 소중한 식량이었다. 그런 소중한 꽃을 함부로 다루지 않게 하려고 '저 꽃에는 독이 있어', '불길한 꽃이니까 뽑으면 안 돼'라며 어린이들에게 겁을 주어 멀리하게 했던 것이다. 그러다 보니 세대가 지나면서 불길한 이미지만 남게 되었는지도 모른다. 꽃무릇은 정말 불가사의한 꽃이다.

양을 낳는 나무의 정체

중세 유럽 때의 이야기다. 그 당시에는 동물의 털가죽이나 털로 만든 모직물로 옷을 만들어 입었다. 앙고라염소의 털에서 얻는 '모헤어'나 캐시미어 염소의 털로 만든 '캐시미어', 낙타의 '카멜', 알파카의 '알파카', 앙고라토끼의 '앙고라' 등이 그 대표적인 것들이다. 그 중에서도 폭신폭신하고 따뜻한 양털 '울'은 인기가 높았다. 아무튼 섬유란 동물에서 얻을 수 있는 것이었다.

그런데 머나먼 이국땅 인도에서는 양털과 비슷한 섬유를 식물에서 얻었다고 한다. 대체 어떤 식물일까? 유럽 사람들은 양을 낳는 나무라며 이 신기한 식물의 모습을 상상했다. 그림에서 보듯이, 새끼

양은 배가 고프면 이 식물의 가지를 쓰러뜨려 씹어 먹는다고 한다.
이 식물이 바로 목화다.

목화와 산업혁명

목화 열매는 부드러운 섬유가 씨앗을 감싸고 있다. 이 섬유가 목화
솜이다. 목화 재배와 면직물 생산은 인더스 문명이 발달할 즈음부터
인도의 주요 산업이었다. 그런데 인도가 영국의 식민지가 되면서 질
좋은 인도의 면포가 영국에서 크게 유행하게 되었다.

영국의 모직물 업자들이 타격을 받게 되자, 영국은 인도 면포의

수입을 금지했다. 그 대신 식민지인 인도에서는 면포의 재료인 목화만 재배하게 했다. 곧이어 면직물 대량생산을 위해 영국에서는 증기 기관 발명과 함께 산업혁명이 일어났다.

산업혁명이 일어나면서 직물 산업은 기계화되었지만, 목화 수확만큼은 계속 수작업으로 했다. 목화는 수확하기가 매우 힘들다. 씨앗을 감싼 섬유는 보드랍지만, 열매에 씨앗을 지키기 위한 가시가 달려 있다. 그 열매를 따는 작업은 상당한 중노동이다. 식민지 인도 사람들은 면직물 대량생산을 위해 힘든 중노동을 해야 했다.

이윽고 인도가 영국으로부터 독립했다. 그러자 영국은 당시에 식민지였던 미국에서 목화 재배를 시작했다. 그러나 이주민들로 이루어진 미국은 노동력이 부족했기 때문에 목화를 재배하기 위해 아프리카의 많은 흑인 노예들을 미국으로 데려왔다. 따뜻하고 부드러운 목화이지만 그 역사는 이렇게 어둡고 슬프다.

귀신은 버드나무 아래에 나타난다

집 안에 심는 것은 금기

산천초목이 잠든 한밤중에 한 사내가 희미한 초롱불을 들고 어둠 속을 걸어 집으로 돌아오고 있다. 그때 어디선가 뜨뜻미지근한 바람이 불어오나 싶더니 이내 차갑고 축축한 손가락이 목덜미에 쓰윽 닿는다. 뒤를 돌아보니, '원통하도다~'라는 말과 함께 소복 차림의 처녀귀신이 불쑥 나타난다. "귀신이다!" 사내는 초롱불을 내던지고 줄행랑을 친다.

괴담에 자주 등장하는 장면이다. 예로부터 귀신은 반드시 버드나무 아래에 나타난다는 말이 있었다. 여기에는 이유가 있다. 옛날 옛적 바람이 강한 날에 한 여자가 버드나무 가지에 목이 감겨 죽고 말

왔다. 그때부터 버드나무 아래에 귀신이 나타난다는 전설이 내려오는 것이다. 아니, 이래서야 식물학적이라고 할 수 없다. 버드나무는 입춘에 싹이 튼다고 해서 생명력이 넘치고 봄을 불러오는 축복의 나무로 여겨졌다. 버드나무에는 벼농사를 다스리는 농신이 깃들어 있다는 말도 있다.

버드나무는 금세 자라기 때문에 집 뜰에 심으면 걸리적거린다. 게다가 습한 장소를 좋아해서 나무 그늘을 드리워 집의 부지를 축축하게 만들기 때문에 병원균 등이 번식하기 쉬워진다. 그래서 집 안에 버드나무를 심는 것은 금기시되어 있다. 집에 버드나무를 심으면 귀신이 나온다는 말이 퍼진 것도 이런 금기에 대한 경각심을 갖게 하려는 의도였을 것이다. 신이 깃들어 있는 영목이라는 이야기도 영향을 주었을지 모른다. 또한 물가에 자라는 버드나무는 예로부터 저 세상과 이 세상의 경계선으로 여겨지기도 했다. 게다가 요염한 자태 때문에 귀신이 나온다는 말이 생긴 것이다.

뜨뜻미지근한 바람의 정체

그러나 그런 버드나무가 많이 심어져 있던 장소가 있다. 바로 도쿄의 옛 이름인 에도 지역이다. 그러고 보니 시대극 등을 봐도 물가에는 늘 버드나무가 심어져 있었던 듯하다.

에도의 마을 대부분은 바다나 습지를 매립해서 만들어졌다. 그래서 축축한 장소에서도 잘 자라는 버드나무는 가로수로 안성맞춤이었다. 귀신이 나타날 때 '뜨뜻미지근한 바람'이 불어온다는 말은 바로 습지의 특성에서 비롯되었다. 또한 가로수로는 성장이 빠른 나무가 좋다. 버드나무는 쑥쑥 자라기 때문에 예전부터 가로수로 많이 이용되었다. 술에 취해 걷고 있던 남자의 목덜미를 훑은 것은 아마 길게 늘어진 버드나무의 가지였을 것이다.

버드나무 가지의 실루엣이 귀신의 손과 비슷하네

마법을 푸는 식물

안데르센의 동화 가운데 〈백조 왕자〉가 있다. 옛날 옛적 남쪽 나라의 성에 11명의 왕자와 막내 공주 엘리자가 행복하게 살고 있었다. 어느 날 세상을 떠난 어머니를 대신해 성에 들어온 새 왕비가 공주를 쫓아내고 왕자들에게는 저주를 걸어 낮에는 백조로 변신하고 밤에는 인간으로 돌아가게 했다. 새 왕비는 마녀였던 것이다.

고생 끝에 백조가 된 오빠들과 다시 만난 엘리자는 오빠들을 따라 이웃 나라로 갔다. 그리고 어느 날 무덤가에 핀 쐐기풀을 맨손으로 뜯어내서 맨발로 밟아 실을 자은 다음, 스웨터를 짜서 오빠들에게 입히면 마법이 풀린다는 사실을 알아냈다. 하지만 스웨터를 다 만들

때까지 한마디도 해서는 안 된다고 했다.

엘리자는 곧바로 뜨개질을 시작했다. 그러던 어느 날 근처를 지나가던 왕이 아름다운 엘리자를 발견하고 궁전으로 데려가서 왕비로 삼았다. 결혼한 후에도 엘리자는 입도 벙긋하지 않고 부지런히 뜨개질을 했다. 그런데 쐐기풀이 떨어져서 한밤중에 쐐기풀을 뜨러 무덤가로 갔다가 그만 대주교에게 들키고 만다. 대주교는 엘리자가 마녀라며 고발했고, 결국 그녀에게 화형이 선고되었다. 하지만 엘리자는 감옥에서도 뜨개질을 멈추지 않았다. 그리고 화형이 집행되려는 순간, 하늘에서 11마리의 백조가 날아왔다. 엘리자가 완성된 스웨터를 던지자마자 백조들은 왕자의 모습으로 돌아갔고, 왕에게 엘리자가 무고함을 알렸다.

몇 번이나 고난이 찾아올 때마다 엘리자는 '저는 마녀가 아닙니다' 하고 외치고 싶었을 것이다. '오빠들을 구하기 위해 무덤에 간 거예요'라고 말이다. 하지만 엘리자에게는 더 큰 고통이 있었다. 쐐기풀은 쐐기풀과의 식물로 모시풀과 비슷하게 생겼다. 모시풀은 '저마(苧麻)'라고도 불리는데, 이는 섬유를 얻기 위한 식물이다. 줄기껍질에서 실을 뽑아 천을 짜서 의복이나 그물 등을 만드는 데 쓰인다.

쐐기풀은 한자로 '자초(刺草)'라고 쓰는데, 말 그대로 가시가 난 풀이다. 쐐기풀이 모시풀과 크게 다른 점이라면, 잎과 줄기에 쐐기벌레의 가시털처럼 날카로운 가시가 무수히 나 있다는 것이다. 가시에서 포름산이 분비되기 때문에 쐐기풀에 찔리게 되면 쓰라린데, 이때 느끼는 감각 때문에 마법을 푸는 식물로 알려져 있다.

독주머니가 붙은 가시

가시라고 하면 왠지 들장미의 가시 같은 것을 떠올릴 수도 있다. 실제로 그림 동화책에서는 장미처럼 가시 있는 식물을 엮은 삽화도 볼 수 있다. 그것도 상당히 아플 것 같지만, 쐐기풀의 가시는 더 가늘다는 점에서 다르다. 가늘기 때문에 아프지 않을 것 같지만 사실은 그냥 가시가 아니다. 쐐기풀의 가시는 독침이다. 가시 아래쪽에 독이 든 주머니가 있어서 피부에 찔리면 가시 끝부분이 벗겨지면서 주사침처럼 상처 자리에 독이 흘러 들어간다. 단순히 찌르기만 하는 것이 아니라 주머니의 독을 주입하는 구조는 말벌의 독침이나 살무사의 독니와 완전히 똑같다. 쐐기풀은 식물이지만 생물계 최고 수준의 방어 시스템을 갖고 있다.

야생 동물도 이 쐐기풀만큼은 먹기는커녕 가까이 다가가지도 못한다. 물론 인간에게도 해를 입히는데, 가시에 찔리면 그 부위가 발갛게 부어오른다. 모시풀을 '저마'라고 부르는 반면, 쐐기풀은 '심마(蕁麻)'라고 부른다. 이 심마 때문에 생긴 증상이 바로 '심마진(두드러기)'의 어원이 되었다. 일본어에서는 '따끔따끔하다'를 '이라이라'라고 하는데 이것은 쐐기풀의 일본어 이름인 이라쿠사에서 온 것이다 (우리나라에서는 쐐기나방의 애벌레인 쐐기에 물린 것처럼 따끔거려 쐐기풀로 불린다고 한다-옮긴이).

이 쐐기풀을 맨손으로 쥐고 맨발로 밟아 실을 자았다니, 보통 사람이라면 상상도 못 할 일이다. 얼마나 아프고 괴로웠을까. 안데르센 동화에는 '불처럼 뜨거운 풀은 엘리자의 팔이나 손목까지 화상을 입힐 정도로 피부를 심하게 찔렀다'라고 묘사돼 있다. 그런 쐐기풀을 맨손으로 만졌는데도 살갗이 부어오르지 않고 왕에게 사랑받을 정도로 아름다웠다는 점도 의아하다. 쐐기풀에 쏘인 증상이 왜 나타나지 않았을까? 진짜로 보통 사람이 아니었던 것일까?

대주교가 말한 대로 엘리자는 마녀였을지도 모른다. 그렇다면 엘리자를 성에 데려와 왕비로 맞이한 왕은 정말 행복하게 살 수 있었을까? 왠지 걱정이 된다.

네잎클로버는 어떻게 생겨날까?

클로버는 모두에게 사랑받는 식물이다.

보통은 잎이 세 개이지만, 가끔 네 잎을 가진 클로버가 나오기도 한다. 이것이 행운의 상징으로 알려진 '네잎클로버'다. 이것은 성 패트릭이 클로버의 세 잎을 기독교의 가르침인 믿음, 소망, 사랑에 비유하고, 네 번째 잎은 행운으로 설명했다는 이야기에서 유래했다고 한다. 그래서 클로버는 꽃말이 행운이다. 정말 멋진 꽃말이다.

이 네잎클로버가 나타나는 데는 유전에 따른 선천적인 요인과 환경에 따른 후천적인 요인이 있다. 후천적인 요인 중 하나는 생장점이 손상을 입는 경우다. 그래서 짓밟혔을 때 그 자극으로 네잎클로

버가 나타날 때도 있다. 네잎클로버를 길가나 운동장 등 사람들이 많이 다니는 곳에서 찾기 쉬운 것은 그 때문이다. 행운은 밟혔을 때 자라난다는 사실을 네잎클로버가 말해 주는 것인지도 모르겠다.

클로버는 어린이들에게도 인기가 높다. 여성들이라면 대부분 들판에 앉아 클로버 꽃으로 목걸이나 왕관을 만들며 놀았던 어린 시절의 추억이 있지 않을까?

어린 여자아이들은 행운을 빌며 클로버를 엮었다. 그리고 꽃목걸이나 왕관으로 만들어 좋아하는 어린 남자아이에게 주었다. 그래서 클로버에는 '나의 사람이 되어 줘'나 '나를 잊지 마'라는 꽃말도 있다. 정말 생각만 해도 흐뭇한 광경이다.

숨어 있는 꽃말

물론 철부지 아이들의 약속이다. 어린 날의 순수한 추억을 간직한 채 어린 남자아이들은 소년이 되고, 듬직하게 자란다. 어린 여자아이들 역시 소녀가 되고, 아름답게 성장한다. 어른으로 가는 계단을 오르면서 좋아하는 사람도 생기고 사랑도 할 것이다. 그렇게 아이들은 어른이 되어 간다.

그런데 말이다. 어린 여자아이가 계속 똑같은 남자아이를 생각하고 있다면 어떨까? 그날의 약속을 철석같이 믿고 있다면 어떨까? 그리고 어린 날 했던 사랑의 약속이 이루어지지 않았을 때는 어떻게 될까?

사랑하는 만큼 미움이 커진다는 말이 있다. 애정과 증오는 종이 한 장 차이다. 이루어지지 못한 사랑에 대한 원망, 다른 여성과 결실을 맺은 남자에 대한 질투. 애정이 깊으면 깊을수록 원망도 커진다. 클로버에는 꽃말이 하나 더 있다. 그것은 '복수'다. '행운'을 빌며 보낸 화관, '나를 잊지 마'라는 약속. 거기서 다다른 마지막 꽃말이 '복수'인 것이다. 소년과 소녀에게는 어떤 미래가 기다리고 있을까? 어쩐지 오싹하다.

대꽃이 피면 천재지변이 온다

대나무 숲 한가득 꽃이 피다

'대꽃이 피면 대나무가 죽는다'라는 말이 있다.

대나무는 꽃을 피우는 일이 거의 없다. 일설에 따르면 대나무는 60년에 한 번 꽃이 핀다고 하는데, 옛 문헌의 기록에는 옛날부터 일본에 있는 대나무는 약 120년 주기로 꽃을 피운다고 나와 있다. 그리고 그 희귀한 대나무 꽃이 피면 빽빽하게 들어찬 드넓은 대나무 숲이 한꺼번에 시들어 버린다.

하지만 이상한 일은 아니다. 식물에는 여러 번 꽃을 피우는 반복 생식성과 한 번 꽃을 피우고 시드는 일회 생식성이 있다. 예컨대 해바라기나 나팔꽃은 꽃을 피우고 씨앗을 남기면 시들어 버리는 일회

◆ 한꺼번에 시드는 대나무 꽃

생식성이다. 대나무도 꽃이 피면 시든다. 식물 세계에서는 흔한 일이다. 단지 대나무의 경우는 그 주기가 터무니없이 긴 것뿐이다.

또한 대나무는 땅속줄기로 뻗어 나가기 때문에 대나무 숲에서 자라는 대나무는 모두 땅속줄기로 이어져 있다고 해도 과장은 아닐 것이다. 다시 말해 해바라기 한 송이가 꽃을 피우고 시드는 것처럼, 대나무 숲에 자라는 모든 대나무가 다 같이 꽃을 피우고 다 같이 시드는 것이다.

옛사람들은 대나무 숲의 대나무가 한꺼번에 시드는 모습을 보고 섬뜩하다고 느껴 대나무에 꽃이 피면 천재지변이 일어날 징조라며 두려워했다.

쥐떼가 몰려들다

그러나 대나무 꽃이 천재지변의 전조라는 말을 단순한 미신이라고 치부하기도 어렵다. 사실 대나무나 조릿대에 꽃이 피면 무서운 일이 일어나긴 한다. 바로 대기근이다.

대나무나 조릿대가 꽃을 피우고 나면 무수히 많은 씨앗이 생긴다. 그리고 이 씨앗을 먹기 위해 엄청난 수의 쥐떼가 몰려든다. 갑자기 나타난 쥐떼는 순식간에 대나무나 조릿대의 씨앗을 전부 먹어 치운다. 배가 덜 찬 쥐들은 논밭의 농작물을 갉아먹고, 사람들이 소중히 쌓아 둔 곡물까지도 헤집어서 먹는다. 이런 식으로 대나무나 조릿대에 꽃이 피면 기근이 일어나는 것이다.

일본에서는 1970년대에 대나무가 한꺼번에 일제히 꽃을 피웠다가 한꺼번에 시든 적이 있었다. 그러자 대나무가 부족해 대나무 제품을 만들지 못하는 사태가 벌어지기도 했다. 신기하게도 일본에서 가지고 나간 대나무에도 꽃이 피어서 모든 나라에서 대나무 꽃을 볼 수 있었다고 한다. 식물은 씨앗을 만들어 자손을 퍼뜨리기 위해 꽃을 피운다. 땅속줄기로 번식을 하지만, 어쩌면 참대는 원래 무성번식으로 개체를 늘렸던 식물이지 않았을까?

수수께끼가 많은 대나무 꽃이지만, 120년 후에 다시 꽃이 핀다면 2090년이다. 그때는 과연 어떤 문제가 일어날까? 그때까지 인류가 멸망하지 않고 지구에 살아남아 있을까?

전설의 게세란파사란

게세란파사란의 정체

일본 에도 시대부터 전해져 내려오는 수수께끼 생물 중에 게세란파사란이라는 것이 있다. 게세란파사란은 흰 털이 난 방울로, 하늘에서 둥실둥실 춤을 춘다. 요괴라는 말도 있고, 미확인 생물(UMA)이라는 말도 있다. 게세란파사란은 오동나무 상자에서 키울 수 있다고 전해진다. 그리고 화장할 때 쓰는 분을 먹이면 성장한다고 한다.

게세란파사란을 갖고 있으면 행복해진다는 말이 있는데, 사람들은 타인에게 발설하면 효력이 없어진다고 믿고 있다. 그래서 게세란파사란을 발견해도 다른 사람에게 알리지는 않는다. 옛날부터 대대로 몰래 키우는 집도 있다는 말도 있다.

게세란파사란의 정체는 완전히 베일에 싸여 있다. 수수께끼의 생물인 게세란파사란의 정체에 대해서는 여러 가지 설이 있다. 예를 들면, 동물의 털 뭉치라는 설이다. 독수리 등의 맹금류가 채 소화하지 못하고 토해 낸 먹잇감의 털인 펠릿은 털가죽의 피부가 쪼그라들어 털 뭉치처럼 된다고 한다. 그러나 동물의 털 뭉치는 게세란파사란처럼 둥실둥실 하늘을 날지 못한다. 하얀 솜털을 달고 둥실둥실 날아다니는 설충이라는 설도 있다. 그러나 설충은 흩날리는 눈과 착각할 정도로 작은 벌레인데, 분만 먹여 오랫동안 사육한다는 점도 이치에 맞지 않다.

게세란파사란의 정체는 알 수 없지만, 식물의 솜털을 보고 게세란파사란으로 착각했다는 사례가 많다. 민들레처럼 솜털이 붙은 씨앗을 바람에 날려 퍼뜨리는 식물은 적지 않다. 1970년대에는 쓰치노코(망치와 비슷한 모양이며 몸길이가 매우 짧은 뱀으로 일본에 서식한다고 알려진 미확인 생물-옮긴이)나 UFO 등 미확인 존재에 대한 사람들의 관심이 뜨거웠다. 그 시기에는 식물의 솜털을 게세란파사란이라고 착각하는 사람이 많았다.

박주가리로 만든 배

식물의 씨앗 중에서도 혹시 게세란파사란의 정체가 아닐까 의심이 가는 것이 있다. 바로 박주가리라는 식물이다. 박주가리 씨앗에 달

린 솜털은 종발(種髮, 씨앗솜털)이라 불리는데, 길고 은백색으로 반짝
거린다. 종발이 길기 때문에 바람이 없어도 오랜 시간 동안 공중에
떠 있을 수 있다. 미세한 공기의 흐름을 타고 둥실둥실 날아가는 모
습은 확실히 게세란파사란을 떠올리게 한다.

　박주가리의 씨앗이 분을 먹고 자란다고 하면 믿기 어렵지만, 씨앗
이기 때문에 조상 대대로 오동나무 상자에 담겨 전해져 내려올 수도
있을 것 같다.《고지키(古事事)》(고대 일본의 신화와 전설을 기술한 가장
오래된 문헌-옮긴이)에 따르면, 박주가리는 먼 옛날부터 신기한 식물
로 여겨져 왔다.

　일본에서 가장 오래된 역사서인 고지키에는 복의 신인 오쿠니누
시노미코토(大國主命)가 이즈모(현재 시마네현 동부 쪽에 해당하는 옛

지방 이름-옮긴이) 해안을 걷고 있었는데, 스쿠나비코나노카미(少名毘古那神)라는 작은 신이 작은 배를 타고 바다 저편에서 건너왔다고 기록되어 있다. 이 작은 신이 타고 있던 작은 배가 박주가리 열매로 만들어진 배였다.

박주가리 열매를 반으로 쪼개면 안에서 솜털이 달린 씨앗이 튀어나온다. 그리고 씨앗이 다 빠져 나온 열매는 작은 배 모양처럼 보인다. '박주가리'라는 이름 자체도 신기하지만 그 유래도 정확히 밝혀져 있지 않다. 과연 게세란파사란의 정체가 이 박주가리의 씨앗일까? 비밀은 더 깊어지기만 한다.

3장

독이 있는 식물들

미생물을 죽이는 물질

스튜디오 지브리의 영화 〈바람계곡의 나우시카〉에는 독을 뿜어내는
식물들이 만든 '부해'라는 신기한 숲이 등장한다. 무대는 문명사회
가 붕괴한 후의 미래다. 인간이 오염시킨 땅에 퍼진 부해의 식물은
대지의 독을 빨아들여 독기를 뿜어낸다. 숲의 공기를 마시면 곧바
로 폐가 썩고 목숨을 잃게 된다. 그런 무시무시한 미래의 숲과 비교
하면 현대의 숲은 고마운 존재다. 어쨌든 공기가 깨끗하고 심호흡을
하면 몸과 마음이 모두 활력을 되찾으니 말이다.

　그러나 정말 그럴까? 사실 현대의 숲에도 독이 넘쳐흐르고 있다.
숲의 나무들은 피톤치드라 불리는 눈에 보이지 않는 휘발성 물질을 뿜어낸다. 피톤치드는 라틴어로 '식물'을 뜻하는 '피톤'과 '죽이다'를 뜻하는 '치드'에서 유래했다. 알고 보면 아주 무서운 이름이다. 이 피톤치드는 식물에서 나오는 휘발 성분이 미생물을 박멸하는 현상에서 발견되었다. 식물은 해충이나 병원균이 가까이 오지 못하도록 여러 가지 독성 물질을 대기에 방출한다. 이것이 피톤치드다.

인공위성에서 찍은 지구의 사진에는 아마존강 유역이나 중앙아프리카, 동남아시아 등의 삼림 지대에 푸른 아지랑이가 떠다니는 것이 보인다고 한다. 숲 전체가 피톤치드의 독으로 둘러싸여 있는 것이다.

독과 약은 종이 한 장 차이

그런데 인간은 이렇게 독으로 가득한 숲에서 삼림욕을 하면 몸과 마음이 충전된다. 그 이유는 무엇일까? 사실 식물이 내뿜는 휘발 성분이 인간에게는 좋은 효과를 가져다준다. 예를 들어 피톤치드에는 항균 성분이 있어 인간에게 해로운 잡균이나 병원균의 침입을 막아준다.

독과 약은 종이 한 장 차이다. 식물 중에는 독초도 많지만, 아주 적은 양의 독은 마시면 약이 될 수 있다. 식물이 미생물이나 곤충을 죽이기 위해 쌓아 둔 독성분의 대부분이 인간에게는 약초나 한방약의 약효 성분으로 이용된다. 숲속에서 식물이 내뿜는 피톤치드도 약이 된다. 신경을 마비시키는 독은 그 작용이 약하면 적당히 충전을 하게 해준다. 또한 신경을 흥분시키는 독 또한 그 작용이 약하면 적당한 활력을 준다.

피톤치드의 약한 독에 자극을 느낀 인간의 몸은 생명을 지키려고 방어 체계에 들어간다. 그래서 면역력이 높아지기도 하고, 삶을 유지하기 위한 다양한 기능이 활성화되는 것이다.

영화 〈바람계곡의 나우시카〉에 나오는 부해의 숲을 보라. 깨끗한 흙에서는 독이 나오지 않는다. 그러나 인간이 대지를 오염시켜 독기를 내뿜게 된 것이다. 나무도 우리 몸에 좋은 독을 발산하고 있다. 공기를 더럽히는 일은 없다. 그러나 현재 지구에 사는 인류는 유해한 물질로 대기를 채우고 있다. 부해의 독 때문에 고통받는 미래의 사람들은 우리 현대인을 어떻게 생각할까? 설마 부해의 숲이 훨씬 더 낫다고 생각하지 않았으면 좋겠는데 말이다.

피톤치드는
해충이나 병원균을
없애는구나

환각 작용이 있는 독식물

마녀는 빗자루를 타고 하늘을 난다. 이때 빗자루에 바르는 것이 벨라돈나나 사리풀이라는 가짓과 식물로 만든 연고다. 그런데 정말 마녀는 하늘을 날 수 있었을까? 마녀는 영어로 witch라고 한다. 이 말은 '슬기로운 여성'을 뜻하는 wicca에서 유래했다. 그들은 식물에 대한 지식이 풍부하고 약초를 배합하는 일을 업으로 삼았다. 지금으로 말하면 약제사나 화학자에 해당한다. 마녀라 하면 커다란 솥에 이상한 약초들을 넣고 이리저리 휘젓는 모습이 연상되는 게 사실이다. 약초를 다뤄야 해서 외딴곳에 살았을 수도 있고, 사람들이 꺼리는 깊은 숲속으로 들어가야 했을 수도 있다. 이렇게 약초를 섞어서

벨라돈나

사리풀

약을 만드는 행동이 일반인들에게는 마법으로 보였을 것이다.

어느덧 그들은 마녀로 불리게 되었다. 약을 다루는 마녀들의 집에는 청소를 위한 빗자루가 필수품이었다. 사람들과 교류할 일이 적었던 마녀들은 외로움을 떨치고 스스로 달래기 위해 벨라돈나나 사리풀로 만든 연고를 몸이나 빗자루에 바르고 올라탔다고 한다.

벨라돈나나 사리풀은 독초로 환각이나 최음 작용이 있다. 아마 그것이 마녀들에게 쾌락을 가져다줬을 것이다. 그래서 하늘을 나는 듯한 기분에 빠졌을지도 모른다. 또한 그렇게 환각에 빠진 마녀들의

모습을 본 사람들 눈에는 마녀가 하늘을 날고 있는 것처럼 보였을
수도 있다.

금단의 안약

벨라돈나를 사용한 여성은 마녀 외에도 있었다. 중세 귀부인들은 독
초인 벨라돈나의 즙을 눈에 넣었다고 한다. 벨라돈나에는 동공을 열
어 눈을 아름답게 빛나도록 하는 작용이 있었다. 아무리 그래도 맹
독을 써서 동공을 열리게 하다니, 위험하기 짝이 없는 행동이다. 자
칫 잘못하면 실명할 수도 있다.

그중에는 눈에 너무 많이 넣어서 목숨을 잃은 사람도 있다고 한
다. 그런데도 아름다움을 추구한다니, 여자들은 참 무섭다. 참고로
벨라돈나라는 이름은 '아름다운 여성'이라는 뜻에서 유래했다. 이윽
고 외딴곳에서 약초를 배합하던 여성들에게 비극이 찾아왔다. 중세
유럽에서 벌어진 마녀사냥으로 많은 무고한 사람들이 화형을 당했
다. 이 중에는 민간요법으로 약초 등을 이용한 사람들이 많이 포함
되어 있었다.

하지만 비극은 여기서 끝이 아니었다. 마녀 하면 자동적으로 그 옆
에 검은 고양이가 떠오른다. 사실 마녀가 하늘을 나는 연고를 만들
때 독초와 같이 섞었다고 하는 것이 고양이의 피다. 그래서 고양이도
마녀의 앞잡이라며 대량으로 학살을 당했던 것이다.

그 결과는 어땠을까? 중세부터 근대까지 유럽에서는 페스트가 대유행을 해서 수많은 이들의 목숨을 앗아갔다. 페스트의 전염원은 쥐다. 고양이를 너무 많이 죽인 탓에 쥐가 번성한 것도 페스트가 유행한 원인 중 하나다.

그 소리를
들으면 죽는다

마녀들이 사랑한 약초

영화 〈해리포터〉의 마법 학교에서는 '약초학' 수업 때 맨드레이크를 옮겨 심는 방법을 배운다. 맨드레이크의 뿌리는 사람 모습을 하고 있다. 해리와 아이들이 맨드레이크를 뽑자, 뽑혀져 나온 뿌리는 '꺄아' 하며 비명을 내지른다. 이 소리를 들은 사람은 정신이 나가 죽는다고 전해진다.

맨드레이크는 독초이지만 사용법에 따라서는 약이 될 수 있다. 그 것도 마녀들이 애용했던 약초다. 중세 유럽에서는 화학적인 방법으로 금을 만들어 내는 연금술을 연구했는데, 이 연금술 덕분에 여러 가지 원소가 발견되면서 화학 지식이 발전했다. 여기에도 맨드레이크가 사용되었다. 물론 지금은 금이 기본적인 원소 중 하나이며 화학적으로 만들어 낼 수 없다는 것이 밝혀졌지만 말이다.

아무튼 뿌리를 뽑은 자가 죽음에 이른다는 맨드레이크는 어떻게 수확할까? 그 방법은 매우 잔혹하다.

맨드레이크와 인삼

먼저 자신을 잘 따르는 개를 맨드레이크와 연결해서 묶는다. 그런 다음 멀리 가서 개를 부른다. 개가 주인에게 달려가면 맨드레이크가 쑥 뽑힌다. 맨드레이크의 비명을 들은 개는 죽지만, 인간은 개가 희생한 덕분에 맨드레이크의 뿌리를 얻을 수 있다.

맨드레이크는 실재하는 식물이다. 무를 길게 반으로 쪼개면 인간의 다리처럼 보인다. 이렇게 식물의 뿌리가 사람 모습으로 보일 때가 있다. 예를 들어 인삼은 '人蔘'이라고 쓰는데, 뿌리 모양이 사람을 닮았다고 해서 '인삼(人蔘)'이라는 이름이 붙게 되었다.

맨드레이크 역시 갈라진 뿌리에 살이 올라 사람처럼 보인다. 그렇다면 비명을 지른다는 말은 진짜일까? 사실 이것은 마녀들이 귀중한 맨드레이크를 마구잡이로 뽑아 가지 않도록 퍼뜨린 소문이었다고 한다. 결국 이 소문 때문에 맨드레이크는 귀중하고 값비싼 것이 되었다.

마녀라 불린 사람들은 대부분 약초 지식에 정통하고 약을 조합하

는 일을 업으로 삼았던 이들이다. 하지만 어딘가 일반 사람들과 다른 수상쩍은 행동 때문에 마녀 재판에 서게 되었고, 고문을 당한 끝에 화형에 처해졌던 것이다.

사람의 모습이랑 닮았다고 해서
인삼이라고 부르는 거구나

추녀가 되다

독살에 이용된 식물

일본 귀신 중에서 가장 유명한 귀신은 홋카이도 요쓰야 괴담의 '오이와'일 것이다. 남편인 이에몬에게 배신당해 얼굴이 망가지는 약을 마시고 원한을 품은 채 죽은 오이와 귀신은 '원통하도다~'라며 나타나 이에몬에게 복수를 한다. 이 오이와가 마신 독이 투구꽃이었다고 한다.

투구꽃은 독살에 자주 사용된다. 동서양을 막론하고 역사의 그늘에는 갑작스레 병사하거나 의문의 죽음을 당한 사람들이 끊이지 않는다. 이제 와서 사인을 알아낼 수도 없고, '독을 먹여 죽였습니다'라고 태평하게 기록을 남기는 사람도 없을 테니 진상이 밝혀지지 않은

채 미궁 속에 빠졌지만, 그중에는 독살당한 일도 적잖이 있을 것이
다. 투구꽃은 역사의 어둠 속에서 남모르게 활약하고 있었던 것이다.

　일본 아이누족은 예로부터 곰을 잡는 독화살에 투구꽃을 사용했
다. 닌자 집단인 후마 일족은 투구꽃의 독을 사용하는 암살 집단으
로 두려움의 대상이었다고 한다. 닌자 중에는 수행자들도 많았다.
신기하게도 수행자가 수행하는 산에는 투구꽃이 많이 분포되어 있
다. 이것은 단순한 우연일까? 역사에는 결코 기록으로 남지 않는 진
실이 있는 법이다. 이렇게 투구꽃의 독은 옛날부터 꾸준히 세계에서
이용해 왔다.

투구꽃과 헤라클레스

투구꽃의 꽃말은 복수다. 유럽에서도 투구꽃의 독은 독살에 사용되

었다. 그리스 신화에는 헤라클레스가 머리 3개 달린 지옥의 파수견 케르베로스를 쓰러뜨렸을 때, 케르베로스 안에 있던 복수심과 증오로 가득 찬 침이 흘러 떨어진 곳에 투구꽃이 피었다는 대목이 나온다. 투구꽃은 '계모의 독'으로도 불린다. 고대 로마 시대에는 계모가 자신의 아들을 황제 자리에 올리기 위해 정실 소생의 황제 후계자를 투구꽃의 독으로 암살하는 사건이 잇따랐다고 한다.

이 얼마나 원한이 가득한 식물인가.

독이 있는 투구꽃의 덩이뿌리를 '부자(附子)'라고 한다. 부자의 일본어 발음은 부스로 '추녀'라는 뜻이 있다. 투구꽃을 먹으면 신경계 기능이 마비되어 표정이 없어져 못생겨 보인다고 부스 즉 추녀의 어원이 되었으나, 엄밀히 말하면 무표정하다는 것이지 얼굴이 추하다는 뜻은 아니다.

매혹적인 맛은
멈출 수 없다

사람을 포로로 만드는 식물

식후에는 꼭 커피를 마셔야 한다는 사람이 많다. 일이나 공부를 하다 보면 왠지 초콜릿이 당긴다는 사람도 있을 것이다. 커피와 초콜릿에는 같은 물질이 들어 있다. 바로 카페인이다. 커피, 홍차, 코코아는 세계 3대 음료로 불리는데, 여기에도 모두 카페인이 들어 있다. 카페인은 식물이 만들어 낸 물질이다. 커피는 꼭두서니과의 커피나무 열매로 만들고, 홍차나 녹차는 차나무과의 찻잎으로 만든다. 또한 코코아나 초콜릿은 벽오동과의 카카오 열매로 만든다. 카페인은 알카로이드라는 독성 물질의 일종으로, 원래는 식물이 곤충이나 동물에게 갉아먹히지 않기 위해 만들어 낸 기피 물질이다. 이 카페인

◆ 중독을 불러일으키는 커피나무

의 화학 구조는 니코틴이나 모르핀과 매우 흡사해서 신경을 흥분시
키는 작용이 있다.

인류는 수많은 식물 중에서 카페인이 함유된 식물을 골라 애용해
온 것이다. 그러나 카페인은 뇌신경에 영향을 주는 유해 물질이므로
과도한 섭취는 금물이다. 카페인에는 이뇨 작용이 있는데, 이것은
인체가 카페인을 독성 물질로 느껴서 체외로 배출하려고 하기 때문
이다.

카페인은 많이 섭취하면 중독에 빠지게 되니 주의가 필요하다. 식
물이 가진 독은 가끔 사람을 포로로 만든다. 니코틴도 원래는 가짓
과 식물인 담배에 들어 있는 물질이다.

식물의 독과 엔도르핀

콜라는 벽오동과의 콜라 열매로 만든다. 그런데 콜라 열매에도 카페인이 들어 있다. 특히 코카콜라는 원래 코카잎의 추출물을 사용했다. 코카는 마약 코카인이 들어 있는 식물이다. 어쩌면 코카콜라가 세계적인 브랜드가 된 데는 코카인의 공도 적지 않았을 것이다. 물론 지금은 코카콜라에 코카인을 쓰지 않는다.

고추의 매운맛을 내는 캡사이신도 중독성이 있다. 매운 음식을 끊지 못하는 이유가 바로 그 때문이다. 그런데 어째서 인간은 식물의 독을 끊을 수 없게 된 것일까?

식물의 독은 인간의 신경을 각성시켜 활력을 주거나 인간의 신경을 마비시켜 충전해 준다. 나아가 독을 무독화하기도 하고 배출하기 위해 몸속 기능을 활성화시키기도 한다. 그리고 독을 배출함으로써 쓸모없는 노폐물도 같이 빠져나가는 디톡스 효과까지 있다.

그런데 그뿐만이 아니다. 식물의 독을 감지하고 몸이 비정상적이라고 판단한 인간의 뇌는 독 때문에 받는 고통을 덜고자 결국에는 엔도르핀까지 분비하고 만다. 엔도르핀은 뇌내 모르핀처럼 진통 작용이 있다. 이 엔도르핀 분비 때문에 우리는 도취감에 빠지고 극도의 쾌락을 느끼는 것이다. 그래서 우리는 식물의 독을 끊지 못하게 된다. 아무리 인간이 지혜롭다고 자랑을 하고, 만물의 영장이라며 뽐내도, 결국 인간도 식물의 마력에서는 벗어날 수 없는 것이다.

환경의 변화로
괴물이 되다

천덕꾸러기 외래식물

다른 나라에서 유입된 외래식물 때문에 문제가 되곤 한다. 일본의 경우 외래식물 중에서도 대표적인 천덕꾸러기 외래식물이 바로 양미역취(*Solidago altissima*)일 것이다. 양미역취는 뿌리에서 유독 물질을 발산한다. 이 물질은 경쟁 상대인 주변 식물이 싹을 틔우거나 성장하지 못하도록 억제한다. 그리고 왕성한 번식력으로 일대에 큰 군락을 만들어 버린다.

양미역취의 영어 이름 tall goldenrod에서 알 수 있듯이 양마역취는 키가 몇 미터 넘게 자라 강변이나 공터 등을 뒤덮어 버리는, 그야말로 괴물 같은 식물이다. 양미역취는 북아메리카가 원산지인 식

물이다. 그런데 희한하게도 원산지인 북아메리카에서는 양미역취의
키가 크지 않다. 1미터가 채 되지 않는 키에 노란색의 가냘픈 꽃을
피우는 들꽃이다.

그래서 양미역취는 앙증맞은 토종꽃으로 미국인들에게 사랑을
받아 왔다. 켄터키주나 네브래스카주 등에서 주의 꽃으로 선정될 정
도로 인기가 높다. 게다가 양미역취는 미국의 들판에서는 연약한 존
재다. '들판에 피는 양미역취를 보호하자'는 캠페인까지 벌일 정도
이니 말이다.

자가 중독과 쇠퇴

양미역취는 뿌리에서 독을 내뿜는다. 하지만 다른 식물들도 모두 자

신의 몸을 지키거나 다른 식물과 경쟁하기 위해 온갖 물질을 방출하니까 피차일반이다. 양미역취의 독은 미국 땅에서 오랜 시간 함께 진화해 온 식물에게는 이미 익숙해진 물질이라 아무런 타격이 없다. 이 정도 독에 영향을 받는 식물이라면 이미 예전에 멸종되었을 것이다.

그런데 다른 나라에 가면 상황은 달라진다. 일본의 식물들에게 양미역취의 독은 처음 경험하는 미지의 물질이었다. 그래서 속수무책으로 당해 버린 것이다. 그렇게 라이벌이 사라진 양미역취는 조국에서와 다르게 쑥쑥 자라 키가 큰 모습으로 성장했고, 맹위를 떨치기 시작했다.

그러나 이는 양미역취에게도 불행의 시작이었다. 식물은 이런저런 화학 물질로 서로 공격하면서도 균형을 잡아 생태계를 유지하고 있다. 라이벌 없이 승승장구하는 일은 절대 없다. 양미역취로 가득한 군락에서 이들이 내뿜는 독은 스스로를 좀먹게 하고 결국 자가 중독으로 쇠퇴의 길을 걷게 만든다. 한때 왕성한 번식력을 보였던 양미역취의 위세가 꺾이는 이유가 아닐까 추측된다.

인간이 식물을 괴물로 만들다

양미역취는 원해서 먼 일본까지 온 것이 아니다. 미지의 땅에서 아등바등 살아남으려고 했을 뿐이다. 그러나 생태계의 균형이 무너지면서, 조국에서 앙증맞은 꽃으로 사랑받던 식물이 이국땅에서는 모두에게 미움 받는 괴물이 되어 버린 것이다.

반대로 일본에서 전혀 해를 끼치지 않는 호장근(Fallopia japonica)은 유럽으로 건너가 외래 잡초로서 번성하는가 하면, 일본인들에게 사랑받는 참억새(Miscanthus sinensis)도 미국으로 건너가 억세게 번성하는 골칫거리 잡초가 되었다. 일본 외에 다른 여러 나라에서도 이런 모습과 문제점은 종종 발견된다.

무엇이 식물들을 괴물로 만드는 것일까? 토양의 조건이나 병해충이 없는 환경이 원인일지도 모른다. 얌전했던 식물이 환경을 바꾸자 괴물이 되어 버렸으니 말이다.

천덕꾸러기 외래식물일지라도 자진해서 외국으로 건너간 식물은 없다. 모두 인간의 활동 때문에 새로운 땅으로 이동하게 된 것일 뿐이다.

억울한 귀신의 저주

오키쿠무시와 사향제비나비

"한 장, 두 장…… 아홉 장. 한 장이 어디 갔지…….."

　밤이면 밤마다 우물가에서 흐느끼듯 들려오는 여자 목소리. 괴담 '사라야시키(皿屋敷)'에서는 10장 있어야 하는 소중한 접시 중 한 장을 깨뜨린 죄로 처참하게 죽임을 당해 우물에 던져진 오키쿠 귀신이 원통한 듯 접시 개수를 센다. 그 후로 오키쿠가 던져진 우물에서 손이 뒤로 묶인 여성의 모습을 한 기분 나쁜 벌레가 바글바글 기어 나왔다고 전해진다.

　이 벌레의 이름이 오키쿠무시로 '무시'는 일본어로 벌레라는 뜻이다. 오키쿠무시는 실제로 호랑나비과에 속한 사향제비나비의 번데

기다. 그 생김새가 기묘해서 정말 손이 묶인 오키쿠의 모습을 떠올리게 한다.

곤충은 새 등의 천적으로부터 몸을 보호하기 위해 주위 풍경에 녹아들어 눈에 띄지 않는 색을 띤다. 그러나 사향제비나비의 유충이나 성충은 색깔이 무척 튄다. 사향제비나비는 독을 갖고 있다. 그러니까 일부러 눈에 띄게 해서 유해하니 먹지 말라고 새들에게 경고를 보내는 것이다. 사향제비나비의 번데기도 독이 있는데, 튀는 색과 특이한 모양을 한 채 눈에 잘 보이는 곳에 있다.

독초를 먹는 유충

오키쿠무시는 섬뜩하게도 무덤가의 묘석 등에 자주 나타난다. 여기에는 이유가 있다. 사향제비나비의 유충이 먹는 쥐방울덩굴(*Aristolochia debilis*)이 무덤 주변에 많이 나기 때문이다. 쥐방울덩굴은 풀베기를 한 풀밭에 자라난다. 구석구석 손질을 하는 무덤 주변은 쥐방울덩굴이 살기에 아주 적합하다.

쥐방울덩굴은 아리스토로크산이라는 독성물질을 지니고 있다. 그러나 사향제비나비의 유충은 이 독초를 거침없이 먹어 버린다. 그뿐만 아니라 쥐방울덩굴의 독을 체내에 축적한다. 사향제비나비가 지닌 독은 사실 쥐방울덩굴을 먹고 몸속으로 들어온 것이었다.

어렵게 독을 쌓았는데, 그걸 가로채기 당한 것도 모자라 계속 먹

◆ 무덤가의 쥐방울덩굴

히는 쥐방울덩굴의 마음을 헤아려 보라. 오키쿠무시를 지독히도 원망할 것임이 틀림없다.

오키쿠무시는
아름다운 나비로 변하지

160 3장 독이 있는 식물들

칠석의 진실

식물의 약효와 계절 행사

인일, 상사, 단오, 칠석, 중양, 이 다섯 개의 계절 행사들은 벼농사와 깊은 관련이 있다. 이 절구 행사들을 자세히 살펴 보면 식물과 깊게 연관되어 있다는 사실을 알 수 있다. 옛사람들은 벼농사 작업을 한 단계씩 마무리지을 때마다 이 행사를 통해 약효가 있는 식물들을 이용해 원기를 북돋웠다.

일본의 경우 1월 1일 설날에는 도소를 마신다. 도소는 원래 산초, 육계, 길경 등 여러 종류의 식물 생약으로 만든 약주다. 그리고 1월 7일을 일곱 가지 나물의 명절로 삼았다. 일곱 가지 봄나물을 뜯어와 나물죽을 끓여 먹는 것이다. 3월 3일 상사에는 복숭아씨를 달인 행인탕이라는 약탕을 먹는다. 음력 3월 3일은 벼의 종자를 뿌리고 드디어 벼농사가 시작하는 절구이기도 하다. 그래서 행인탕을 마시고 머지않아 다가올 농번기를 준비했다. 5월 5일 단오에는 창포 뿌리를 달인 약탕을 마신다. 이때는 비가 많은 모내기 시기라서 중노동을 하느라 몸이 지칠 대로 지친다. 아마 창포 약탕에는 건강을 지키는 작용이 있었을 것이다. 그리고 창포탕에 몸을 담그는 것도 다 이유가 있다. 창포나 쑥에는 강한 항균 작용이 있기 때문이다.

기온이나 습도가 올라가는 이 시기에 밭에 들어가면 벌레나 균 때문에 피부병에 걸릴 위험이 있다. 그래서 항균력이 강한 약탕에 몸을 담가 피부를 보호한 것이다. 옛날에는 모내기가 여성의 일이었다. 5월 5일은 이제 남자아이의 절구이지만, 옛날에는 여성을 위한 절구였다.

그 후 밭의 제초 시기인 음력 7월 7일 칠석에는 꽈리의 뿌리를 달인 약탕을 마시고, 벼 베기 시기인 음력 9월 9일 중양에는 국화주를 마셨다.

꽈리에 숨겨진 슬픈 진실

절구에는 모두 약효가 높은 식물들만 쓰인다.

그러나 칠석에 쓰는 꽈리는 더 중요한 의미가 있었다.

꽈리는 가짓과 식물이다. 앞서 설명했듯이 가짓과 중에는 독이 있

는 식물이 많다. 약과 독은 종이 한 장 차이. 약은 사용법에 따라 독이 될 수도 있다. 사실 꽈리의 뿌리에는 독이 있다. 옛날에는 이 독으로 태아를 죽여서 유산을 하게 만들었다고 한다. 꽈리가 낙태제이기도 했던 것이다.

7월 7일 즈음은 가장 바쁜 김매기 철이어서 임산부의 경우에는 농사일을 하기가 힘들다. 무리해서 중노동을 하면 유산할 위험이 있을 뿐 아니라 산모까지 위험해진다.

그래서 7월 7일에는 꽈리의 뿌리를 달여 마시거나 그 즙을 자궁에 넣어 낙태를 했다. 옛날에는 어느 농가든 앞마당에는 꽈리를 심었는데, 그런 용도로 이용하기도 했다고 한다.

칠석에는 슬픈 에피소드가 숨어 있었구나

마취의 시작

캡사이신은 고추의 독성분

가짓과 식물 중에는 독초가 아주 많다. 마녀가 주로 사용했다는 맨드레이크, 벨라돈나나 사리풀은 모두 가짓과 식물이다. 그리고 칠석에 썼던 꽈리도 가짓과 식물이다.

우리 주변에도 가짓과 식물이 있다. 예를 들어 담배는 가짓과 식물인 담배의 잎으로 만들어진다. 담뱃잎에 들어 있는 니코틴은 원래 곤충이나 동물이 갉아먹거나 병원균이 들어오지 못하도록 막는 유독 물질이다. 담배도 적은 양은 괜찮지만 많이 피우면 몸에 독이 된다.

가짓과에는 채소도 있다. 감자가 바로 가짓과의 채소다. 감자의

덩이줄기에는 독이 없지만, 줄기나 잎에는 독이 있다. 감자를 조리할 때 싹이 난 부분이나 녹색으로 변한 부분은 잘라 내는데, 감자의 싹에 솔라닌이라는 독이 있기 때문이다.

고추도 가짓과의 채소다. 고추의 매운맛을 내는 캡사이신도 원래 동물이나 곤충이 갉아먹는 것을 막기 위한 독 성분이다. 가지나 토마토도 식용으로 쓰는 열매 부분에는 독이 없지만, 줄기나 잎에는 독이 있다.

하나오카 세이슈의 인체 실험

에도 시대의 의사인 하나오카 세이슈(1760~1835)는 마취 수술로 사람들의 생명을 구하기 위해 마취에 대해 연구를 했다. 이때 이용한 것이 흰독말풀(Datura metel)이라는 가짓과의 유독 식물이다. 일본어로 '기치가이나스비'라고 부르는데, 미치광이 가지라는 뜻이다. 실수로 먹으면 환각을 보고 울부짖거나 춤을 추는 등 광란의 상태에 빠진다고 해서 그런 이름이 붙었다.

독과 약은 종이 한 장 차이다. 마취제로 쓸 경우, 너무 많으면 독이 되고, 너무 적으면 마취 효과가 없다. 따라서 용량을 절묘하게 조절해야 한다.

하나오카 세이슈는 연구에 연구를 거듭했지만, 인간에게 직접 실험하지 않고서는 그 효과를 알 수가 없었다. 하지만 인체에 실험하는 것은 피실험자를 죽일 수도 있어 위험했다.

결국 하나오카가 뜻을 이룰 수 있게 하기 위해 그의 어머니와 아내가 실험대상이 되었다. 그리고 드디어 그는 마취제 '통선산(通仙散)'을 완성하고, 세계 최초로 전신 마취 수술에 성공했다.

이것은 서양보다 40년 이상 빠른 성공이지만, 이 인체실험으로 어머니는 사망하고 아내 역시 실명을 했다. 이처럼 마취제의 발명

뒤에는 두 여성의 헌신적인 희생이 있었다. 일본 마취학회는 의사 하나오카가 마취 연구에 이용한 흰독말풀을 현재 학회 로고로 쓰고 있다.

하나오카 세이슈가
마취 수술에 성공한 데는
가족의 희생이 있었어

커피와 초콜릿의 공통점

식물은 다양한 독을 갖고 있어 동물이나 해충, 병원균으로부터 몸을
지킨다. 인간은 포유동물이다. 포유동물 역시 식물의 독을 먹어도
죽지 않도록 독을 감지하는 능력을 갖추게 됐다. 그것이 혀로 느끼
는 쓴맛이나 떫은맛이다. 그런데 인간은 식물의 그 독성분을 스스로
원해서 섭취한다.

　예를 들어 담배는 니코틴이라는 독성분을 갖고 있다. 커피 또한
꼭두서니과의 커피나무 열매로 만들고, 초콜릿은 아욱과의 카카오
열매로 만든다. 커피나 초콜릿에 들어 있는 카페인도 식물이 가진
독의 일종이다. 신기하게도 사람은 식물의 독성분을 섭취하면 마음

이 안정된다. 그리고 왠지 만족스러운 행복감을 느낀다.

식물이 가진 독성분에는 인간의 신경계를 건드리는 것이 있다. 물론 독이 강하면 신경이 마비되어 죽음에 이른다. 그러나 치사량이 아닌 독은 신경을 자극해 인간의 몸에 다양한 작용을 일으킨다.

그중 하나가 신경계를 활성화시키는 흥분 효과다. 반대로 신경 작용을 억제해서 진정 효과를 주는 것도 있다. 이 증상들은 모두 인간 몸의 기능이 마비되어 오작동을 일으키는 상태라고도 할 수 있는데, 식물의 독이 인간의 신경계를 자극해서 힘이 나기도 하고 안정이 될 수도 있는 것이다.

아무리 약하다 하더라도 독은 독이기 때문에 우리 인간의 몸은 대사 작용을 통해 이 독성분을 무독화하려 한다. 그래서 몸이 활성화되기도 하고 독과 함께 노폐물을 배출하기도 하는 것이다. 커피를 마시면 화장실에 가고 싶어지는 것도 카페인을 몸 밖으로 배출하려고 하기 때문이다. 그야말로 독과 약은 종이 한 장 차이인 것이다.

인간은 식물의 유혹을 이기지 못한다

그뿐만이 아니다. 독성분 때문에 몸에 이상이 생겼다고 느낀 뇌는 진통 작용이 있는 엔도르핀까지 분비한다. 뇌내 모르핀이라고도 불리는 엔도르핀은 피로나 고통을 완화해 주는 역할을 한다. 그래서 우리 몸은 도취감에 빠지고 잊지 못할 쾌락을 느끼는 것이다. 그리고 우리는 이 행복감을 얻기 위해 초콜릿이나 커피, 담배 등을 끊을 수 없게 된다.

이 정도로 끝나면 문제는 없다. 그런데 이 약한 독을 계속 섭취하면 인간의 몸은 점점 그 성분을 무독화하는 능력이 높아지면서 내성이 생긴다. 이런 구조는 어디까지나 비상시에 돌아가는 긴급 시스템이다. 그런데 평소에 꾸준히 독성분을 섭취하게 되면 우리 몸은 그 약물에 대한 대사 작용이 습관화된다. 그래서 몸속에 약물이 섭취되지 않으면 비상이 걸려 신체가 이상 반응을 보이게 되는 것이다. 이것이 식물로 만든 마약 복용 중단으로 인한 금단 증상이다.

식해(食害. 해충이 식물의 줄기나 잎을 먹는 것-옮긴이)에서 몸을 지키려는 식물, 그리고 식물의 그 독성분으로부터 몸을 지키려는 인체의 활동이 사람에게 행복감을 가져다준다. 그리고 사람은 담배 한 개비와 초콜릿 하나의 유혹을 이기지 못한다.

4장

무시무시한
식물의 행성

공생의 진실

콩과 식물은 메마른 땅에서도 자란다

콩과 식물은 근류균(Rhizobia)과 공생관계를 맺어 서로 돕는다. 근류균이라는 박테리아는 콩과 식물에서 양분을 얻어 살아간다. 그 대신 근류균은 공기 중의 질소를 받아들여 콩과 식물에게 준다. 이것을 '질소 고정'이라고 한다. 이 근류균 덕분에 콩과 식물은 질소가 적은 메마른 땅에서도 성장할 수 있는 것이다. 한마디로 상부상조하는 관계다.

그런데 정말 그럴까? 막 싹을 틔운 콩과 식물에는 근류균이 공생하지 않는다. 근류균은 콩과 식물이 뿌리에서 뿜어내는 플라보노이드라는 물질에 의지해서 뿌리털 끝부분에 도착한다. 그리고 마치 인

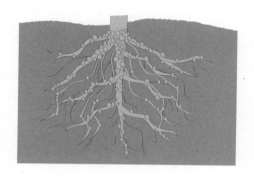

사를 하듯이, 근류균은 식물에게 어떤 물질을 내보낸다.

그러면 그 사실을 알아챈 콩과 식물의 뿌리는 마치 근류균을 따뜻이 맞이해 주는 것처럼 뿌리 끝을 동그랗게 변형해서 근류균을 감싼다. 근류균이 살 수 있는 근류라는 혹을 만드는 것이다.

근류균은 식물이 없는 조건에서는 낙엽 등의 유기물을 분해하면서 조용히 산다. 그러나 콩과 식물 안에 들어가면 식물로부터 양분을 받고 질소 고정을 하는 것이다.

근류균을 방치?

그런데 콩과 식물과 근류균이 정말 사이좋게 공생하고 있는 건 아닌 듯하다.

근류균은 콩과 식물에게 소중한 파트너이지만, 근류균이 너무 많아지면 콩과 식물은 양분을 다 빼앗기고 만다. 그래서 무작정 근류균을 받아들여 근류를 형성하는 게 아니라 뿌리 속에서 생장을 억제한다. 그리고 근류균이 부족해지면 다시 토양에서 받아들어 근류를 만든다. 그러니까 많은 근류균은 콩과 식물의 뿌리 속에서 방치되고 있는 것이다.

게다가 질소 고정 능력이 낮아 일을 못 하는 근류는 식물에서 공급받는 양분이 뚝 끊기게 된다. 다시 말해 버림을 받는 것이다. 결코 공생이라는 달콤한 관계는 아니다. 근류균도 콩과 식물을 탓할 입장이 못 된다. 박테리아인 근류균도 애초의 계획은 식물에 침입하여 감염시키는 것이었는데, 그만 콩과 식물에게 잡혀 억지로 일을 하게 된 것이다. 그러니 피차일반이다. 그야말로 누가 공격하고 누가 당하는가, 누가 속이고 누가 속는가의 싸움이다. 공생이라고는 해도 어차피 이기적인 둘이 만난 것이다. 그게 생물의 세계다.

콩과 식물도
근류균도 만만치 않구나

기생 당한 달팽이

SF 영화에서는 뇌를 조종당하는 이야기가 나온다. 말도 안 되는 이야기 같지만 자연계에서는 그런 일이 흔하다. 예를 들어 레우코클로리디움은 달팽이에 기생하는 기생충이다. 달팽이가 이 기생충의 알을 먹게 되면 실로 기묘한 행동을 취하게 된다. 평소 축축한 그늘에서 사는 달팽이는 기생충에게 조종당해 해가 잘 드는 잎 위로 이동한다. 그리고 달팽이의 눈이 이상하게 부풀어 오르며 기묘한 모양으로 움직인다. 그 정체는 달팽이를 조종하는 기생충이다. 바로 기생충이 달팽이의 눈에 들어가 마치 오동통한 초록색 벌레가 움직이는 흉내를 내고 있는 것이다. 이렇게 잎 위에서 벌레가 움직이는 모양

◆ 감염된 식물 독보리

을 하고 있는 달팽이는 눈에 잘 띄게 된다. 기생충의 목적은 달팽이를 새가 먹게 하려는 것이다. 사실 레우코클로리디움은 새의 기생충이기 때문이다.

기생충뿐만이 아니다. 좀비 개미 버섯이라는 버섯 종류는 개미에게 먹혀 개미의 몸속으로 들어가서 개미의 뇌를 지배한다. 그리고 홀씨를 날리기에 적합한 장소까지 개미를 이동시킨다. 그런 식으로 개미의 목숨을 빼앗고 그 사체를 배양기로 해서 자라나는 것이다. 정말 무서운 세계다.

파라오와 독보리

식물의 세계에도 기생자가 숙주에게 영향을 주는 예가 있다.《신약성서》의 〈마태복음〉에 독보리(가라지)라는 식물이 나온다. 이름대로 독이 있기 때문에 가축이나 인간이 잘못 먹으면 중독을 일으킨다. 마태복음에는 '사람들이 자는 동안에, 그의 원수가 와서 밀 가운데에 가라지를 덧뿌리고 갔다'라는 구절이 나온다. 독보리는 원래 독이 있는 식물이 아니었다. 사실 독보리의 몸속에는 내생 곰팡이(endophyte, 식물체 속에 사는 미생물-옮긴이)라 불리는 내생균이 살아서 열심히 독소를 만들어 낸다. 이로 인해 일반 보리가 무서운 유독 식물로 만들어지는 것이다.

내생균은 씨앗으로도 감염되기 때문에 한번 감염되면 대대손손 감염이 계속되는 것이다. 내생균과 독보리의 공생 역사는 아주 오래됐는데, 4,400년 전의 파라오 무덤에서 발견된 독보리의 씨앗은 이미 내생균에 감염되어 있었다고 한다. 내생균은 독보리뿐만 아니라 다양한 식물을 감염시킨다. 그리고 식물을 제어한다.

그러나 식물의 몸속에 사는 내생균 입장에서는 감염된 식물이 무사히 살아 주는 것이 안정적이다. 그래서 식물을 지키기 위해 제어해서 다양한 물질을 만들게 하거나 다양한 능력을 활성화한다. 따라서 내생균에 감염된 식물은 대부분 병해충이나 고온 및 건조에 대한 내성이 강하다.

독보리를 감염시킨 내생균이 숙주 식물이 동물이나 해충에게 먹히지 않도록 독성분을 만들어 내고 있었던 것이다. 조종하고 조종당하는 일은 자연계에서 흔한 현상이다. 당신은 괜찮은가?

지금 당신이 뭔가를 생각하거나 하려고 했다면 그것이 과연 당신의 의지일까? 어느 날 갑자기 아무런 이유 없이 풀꽃을 길러 보고 싶어진다거나, 숲에 나가 보고 싶어진다거나, 달콤한 과일을 먹고 싶어진다거나…… 어쩌면 당신은 식물들의 의지에 조종을 당하고 있는 것인지도 모른다.

아인슈타인의 예언

만약 꿀벌이 멸종된다면

20세기를 대표하는 과학자 알베르트 아인슈타인(1879~1955)은 이런 예언을 남겼다. '꿀벌이 사라지면 인류는 4년 이내에 멸망한다.' 작은 곤충 때문에 인류가 멸망하다니, 그게 사실일까?

　종자식물 중에는 바람으로 꽃가루를 옮기는 풍매화와 곤충에게 꽃가루를 옮기게 하는 충매화가 있다. 그런데 식물의 약 80퍼센트 이상이 충매화라고 한다. 바람에 의해 수분이 이루어지는 풍매화는 꽃가루가 어디로 날아갈지 모르기 때문에 효율이 떨어진다. 반면에 충매화는 꽃에서 꽃으로 곤충이 꽃가루를 옮겨 주기 때문에 효율이 좋다. 그래서 많은 식물이 충매화로 진화를 이룬 것이다.

지구에 피는 많은 꽃들의 꽃가루는 곤충이 옮긴다. 그만큼 곤충이 많이 필요하다. 꽃가루를 옮기는 곤충 중에서도 특히 큰 임무를 수행하고 있는 것이 꿀벌 같은 꿀벌상과다. 벌은 운동 능력이 높아서 꽃가루를 열심히 옮겨 준다. 게다가 꿀벌은 여왕을 중심으로 군집 생활을 하는 사회성 곤충이다. 자신뿐만 아니라 동료들을 위해서 꽃을 날아다니며 꿀을 모으는 일꾼이다. 그들이 열심히 일해 준 덕분에 꽃가루가 더 많이 옮겨지는 것이다.

꿀벌이 사라진다면 많은 식물이 자손을 남기지 못하고 멸종하게 된다. 만약 지구상에서 80퍼센트나 되는 식물을 잃게 된다면 지구의 환경은 어떻게 될까? 나아가 우리가 먹는 작물의 대부분도 충매화다. 국제연합의 보고에 따르면 세계에서 생산되는 작물의 약 30퍼센트가 꿀벌 덕분에 가루받이를 한다고 한다. 세계의 작물 생산 중 30퍼센트가 사라지면 지구에 사는 70억 명이 넘는 인구는 어떻게 될까? 그러니까 꿀벌이 멸종되면 식물이 멸종되고, 결국에는 인류가 멸망한다는 이치다.

고양이, 호박벌, 붉은토끼풀

생태계의 관계에 대한 비유로 '영국의 영광은 올드미스 덕분'이라는 이야기가 있다. 전쟁이 일어나면 미망인이 늘어난다. 미망인은 외로워서 고양이를 기른다. 고양이가 늘어나면 쥐가 줄어든다. 고양이의

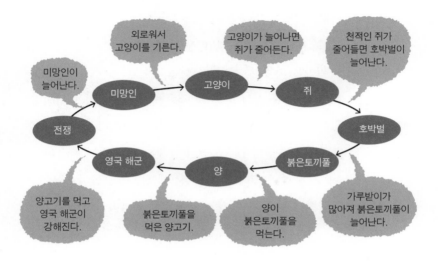

천적인 쥐가 줄어들면 호박벌이 늘어난다. 벌이 늘어나면 가루받이가 많아지고 붉은토끼풀이 늘어난다. 그러면 붉은토끼풀을 먹은 양이 자라나고 그 양고기를 먹은 영국 해군이 강해지는 것이다. 그리고 해군이 늘어나면 전쟁이 일어나고, 미망인이 늘어나면 이야기가 처음으로 돌아가서 계속 이어진다.

　결코 웃자고 하는 얘기가 아니다. 온갖 생물은 생태계에서 복잡하게 연결되어 있다. 그리고 그 관계 속에 인간 사회도 있다. 자연계에서 뭔가 문제가 일어나면 인간 사회에 어떤 영향을 미칠까? 전혀 예측되지 않는다.

옛날에 모리셔스섬에 서식하던 날지 못하는 새인 도도새가 멸종되자 신기하게도 섬에서 자라는 칼바리아라는 나무도 멸종됐다. 칼바리아의 열매는 딱딱해서 도도새만 먹을 수 있었는데, 바로 도도새가 이 나무의 씨앗을 퍼뜨리는 역할을 했던 것이다.

생물은 자연계에서 홀로 살아갈 수는 없다. 서로 복잡하게 얽히면서 살아간다. 아인슈타인의 예언에 근거는 없다. 그러나 아인슈타인 같은 유명한 과학자가 생태계의 복잡한 관계는 인류의 지혜를 뛰어넘는다고 경종을 울렸던 것이다. 지금 전 세계에서 꿀벌이 점점 사라져 문제가 되고 있다. 아인슈타인의 예언이 현실이 되어 가고 있는 것일까?

사라져 가는
식물

애리조나의 생존 실험

상상해 보라. 당신은 밀폐된 방에 있다. 그곳엔 음식도 없고 공기도 없다. 당신은 거기서 2년 동안 살아야 한다. 무언가 갖고 들어갈 수 있다면 당신은 무엇을 가지고 들어갈 것인가? 식량을 들고 가려 해도 2년 치 식량을 보존하기란 힘들다. 그보다 먼저 공기가 없어질지도 모른다. 이 생활에서 필요한 것은 식물이다. 식물은 산소를 만들어 낸다. 그리고 먹을 수 있는 식물을 갖고 들어가면 식량으로 삼을 수도 있다. 그렇다고 해도 이 생활은 만만치 않다. 먹기 위해 식물을 너무 많이 수확하면 점점 산소가 부족해진다. 어쨌든 밀폐된 공간이므로 화학물질로 공기를 오염시키는 일은 없어야 한다. 혼자서는 외로울 테니 다른 한 명이 같이 살자며 들어오면 어떻게 될까? 공기도 식량도 한계가 있어 곧 바닥나게 될 것이다. 당신은 서둘러 식물을 늘려야 할 것이다.

실제로 이런 실험을 한 적이 있다. 1991년 애리조나주의 사막에 만들어진 '바이오 스피어 2'라는 시설 안의 밀폐된 공간에서 남녀 8명의 과학자가 물과 공기와 식량을 재활용하며 외부와의 물질교환 없이 자급자족하며 2년 동안 생활했다. 그러나 이 실험은 실패로 끝났다. 밀폐된 공간에서 산소나 이산화탄소, 식량을 균형 있게 유지하기가 힘들었다. 무엇보다 그 안에서 생활했던 사람들이 정신적으로 버티지 못한 것이다.

사라지는 식물, 늘어나는 인구

바이오 스피어 2란 '제2의 생물권'이라는 뜻이다. 그럼 제1의 생물권은 어떤가. 그렇다. 지구 말이다. 지구는 무한하지 않다. 지구를 덮고 있는 대기나 해양의 두께는 놀랄 정도로 얼마 되지 않는다. 지구를 양파에 비유하자면 양파의 얇은 껍질보다 더 얇다. 게다가 식물이 자랄 수 있는 흙의 깊이는 지표면에서 수십 센티미터, 깊어 봐야 몇 미터 정도다. 그 얼마 되지 않는 공간에 온갖 생물들이 살고 있는 것이다. 지구는 한계가 있는, 닫힌 공간이다.

그런데 산소를 만들어 내는 숲의 나무들은 점점 줄어들고 있다.

단 1분 만에 도쿄돔 4개에 해당하는 면적의 삼림이 사라진다는 것은 해마다 도쿄의 6배 면적의 삼림이 없어지고 있다는 뜻이다. 게다가 식물이나 동물도 잇따라 멸종되고 있다. 현재는 1년 동안 4만 종의 동식물이 이 지구에서 자취를 감추고 있다고 한다. 그런데도 식량을 필요로 하는 사람의 수는 늘어 간다. 문명사회는 산소를 태우고 이산화탄소를 늘리고 있다.

지구는 정말 괜찮을까? 사람들이 미쳐 버리지는 않을까? 혹시 어쩌면 머나먼 우주 저편에서 이 '바이오 스피어 1(제1의 생물권)' 실험을 가만히 관찰하고 있는 지적 생명체가 있는 것은 아닐까?

인간은 스스로 생존권을 파괴하고 있어

잎사귀 한 장보다 못한 과학

순환하는 식물

박물관이나 자료관에 가면 옛날 사람들이 식물을 가지고 다양한 물건을 만들었다는 사실에 깜짝 놀란다. 물건을 담는 그릇도 나무를 잘라 내서 만들거나 대나무를 엮어 만들었다. 비 오는 날에 쓰는 삿갓이나 도롱이도 식물로 만들었다. 옷도 식물 섬유로 만들었고, 기모노를 염색하는 염료도 식물로 만들었다. 게다가 지붕도 비자나무나 볏짚으로 만들었다.

그에 비하면 지금은 가볍고 내구성이 뛰어난 플라스틱 제품이 넘쳐나고, 의복도 화학 섬유로 만든다. 옛날 사람들은 너무나 뒤처진 삶을 산 것 같지만, 과연 그럴까? 플라스틱이나 화학 섬유는 석유로 만든다. 석유는 한계가 있는 자원이다. 만약 석유가 바닥나면 무엇을 믿고 어떻게 살아야 할까? 게다가 석유제품은 수백 년 동안 썩지도 않는다.

그러나 식물은 다르다. 식물로 만든 것은 다 쓰면 분해되어 흙이 된다. 그리고 그 흙이 새로운 식물을 자라게 한다. 식물은 태양 빛을 받고 자라므로 이 순환을 완성하는 것은 태양 에너지다. 다 자란 식물을 이용하는 것은 이 순환의 힘을 쓰고 있다는 뜻이다. 이처럼 옛날 사람들은 태양 에너지를 잘 활용했다. 태양 에너지는 미래 에너지라고들 하는데, 옛날 사람들은 태양 에너지를 받고 자라는 식물을 생활에 널리 이용해 왔다.

식물은 태양 에너지를 받아 이산화탄소와 물만으로 포도당과 산소를 만들어 낸다. 이것은 정말 단순한 화학식이다. 오늘날 과학기술의 발달로 우리는 복잡한 물질을 화학적으로 합성할 수 있게 되었지만 이 광합성만큼은 인공적으로 할 수 없다. 아무리 첨단 과학 시대라 해도 우리의 과학은 식물의 잎사귀 한 장에도 미치지 못하는 것이다.

맹독의 정체

그 물질은 맹독이다. 무엇이든지 그 물질에 닿으면 녹이 슬어 버스러진다. 딱딱한 금속도 불그스름하게 부식되고 만다. 물론 이 물질은 생물에게 나쁜 영향을 끼친다. DNA가 손상되고 몸에 녹이 슬고 노화되게 한다. 이 얼마나 무시무시한 물질인가.

물질의 독성을 나타내는 지표 중 하나로 '전기음성도'라는 것이 있다. 제1차 세계대전 때 독가스 병기로 사용된 염소가스의 전기음성도는 3.1이다. 그런데 이 맹독 물질은 3.4나 되는 걸 보면 말할 것도 없이 무시무시한 맹독이다. 이 맹독 물질이 바로 '산소'다. 산소는 우리가 살아가기 위해 없으면 안 되는 것이다. 그러나 원래 산소는 독성이 있는 물질이다. 식물은 이런 산소를 뱉어 내고 있다. 지구에 생명체가 나타난 것은 38억 년 전이라고 한다. 그러다가 광합성을 하는 작은 원생생물이 탄생했다. 이것이 식물의 조상이다. 그 후 진화를 이룬 식물은 지구상에 무성히 자라나 대기 중의 산소 농도를 높였다.

이렇게 지구는 맹독인 산소로 가득 찬 행성이 되고 말았다. 대부분의 생물은 산소 때문에 사멸했지만, 몸을 지키기 위해 산소가 적은 땅속이나 심해 등에 깊숙이 숨어 살아남은 생물체도 있었다.

숨죽이고 있는 미생물들

그런데 말이다. 맹독인 산소 때문에 죽기는커녕 산소를 체내에 받아들여 이용하는 생물이 나타났다. 산소는 독성이 있는 대신 폭발적인 에너지를 만들어 내는 힘이 있다. 이 금단의 산소에 손을 댄 미생물은 여태껏 본 적 없는 풍부한 에너지를 이용해서 활발하게 돌아다닐 수 있게 되었다.

게다가 풍부한 산소를 이용해서 튼튼한 콜라겐을 만들고, 몸도 키울 수 있었다. 이것이 우리의 먼 조상에 해당하는 미생물, 미토콘드리아이다. 우리는 방사능 에너지로 거대해져 사납게 날뛰는, 마치 괴수 같은 존재다.

오늘날 지구는 맹독을 내뿜는 식물과 맹독을 이용하는 생물 들에게 지배된 괴물 행성이다. 하지만 걱정할 것은 없다. 지상에 탄생한 '인간'이라는 생물은 석탄이나 석유 등의 화석연료를 태워 대기 중에 있는 산소를 소비하고 있다. 그래서 이산화탄소 농도가 높아져 기온이 상승하고 있다. 인류가 방출한 프레온 가스는 산소가 만들어 낸 오존층을 파괴해서 지구에는 자외선이 강하게 내리쬔다. 이렇게 인간은 식물이 등장하기 전의 원시 지구 환경으로 되돌리고 있는 것이다.

게다가 인간이라는 생물은 걸리적거리는 식물이나 동물을 없애서 식물이 없는 사막을 만들고 있다. 이윽고 마치 주인인 양 지구에 군림하던 괴물들도 사라질 날이 올 것이다. 인간이야말로 새로운 지구의 창조주가 아니던가. 그리고 마침내 인간까지 멸종되어 더 아름다워진 지구가 되살아날 날도 먼 미래의 일이 아닐 것이다.

그 옛날, 땅속으로 쫓겨난 미생물들은 분명 그런 날이 오기를 가만히 숨죽이고 기다릴 것이다.

지구에서 식물이
줄어들고 있어……

나오며

공포를 테마로 책을 써 달라는 말을 들었을 때는 정말 난처하더군요. 식물은 무섭지 않으니까요. 먹으면 목숨을 잃는 유독성 식물도 있긴 합니다. 인간의 생활을 위협하는 잡초도 있지요. 그리고 앞서 말했듯이 식물에게서 두려움의 감정을 느낄 때도 있습니다. 그렇지만 무서워서 잠 못 들 정도로 식물이 무섭지는 않습니다.

그런데 가만히 생각하면 할수록 '무섭지 않다'고 생각했던 식물이 점점 무섭게 느껴집니다. 식물은 빛만 있으면 광합성을 해서 에너지를 만듭니다. 빛과 물과 흙만으로 온갖 물질을 만들어 내기도 하지요. 식물은 어떻게 이런 고도의 삶을 살 수 있을까요? 이 세상은 식물로 뒤덮여 있고, 식물을 중심으로 생태계가 이루어져 있습니다. 그 교묘한 구조. 식물은 어떻게 이런 복잡한 생태계를 만들 수 있었을까요?

사람들은 식물 없이는 살지 못합니다. 예로부터 인간은 다양한 방식으로 식물을 이용해 왔지요. 그런데 알고 보면 식물에게 쥐락펴락 농락당해 온 것은 인간입니다. 인간은 스스로가 만물의 영장이라고

굳게 믿고 있습니다. 어쩌면 인간의 그런 믿음까지도 식물이 의도한 것이 아닐까요? 자연이 하는 일이나 인간이 하는 일 모두 식물들이 짠 시나리오일지도 모릅니다. 그렇게 생각할 수밖에 없을 정도로 식물이란 비밀로 가득 찬 신기한 존재입니다. 어쩐지 오늘 밤도 무서워서 잠이 오지 않을 것 같네요.

이 책을 기획하고 출판 과정에 많은 도움을 주신 출판사 편집자분들께도 감사의 말씀을 드립니다.

이나가키 히데히로

무섭지만 재밌어서 밤새 읽는
식물학 이야기

1판 1쇄 발행 | 2023년 6 월 3일
1판 2쇄 발행 | 2023년 7 월 28일

지은이 | 이나가키 히데히로
옮긴이 | 김소영
감수자 | 류충민

발행인 | 김기중
주간 | 신선영
편집 | 백수연, 유엔제이
마케팅 | 김신정, 김보미
경영지원 | 홍운선
펴낸곳 | 도서출판 더숲
주소 | 서울시 마포구 동교로 43-1 (04018)
전화 | 02-3141-8301
팩스 | 02-3141-8303
이메일 | info@theforestbook.co.kr
페이스북·인스타그램 | @theforestbook
출판신고 | 2009년 3월 30일 제 2009-000062호

ISBN 979-11-92444-45-1 (03480)